高等数学练习与提高

（四）

GAODENG SHUXUE LIANXI YU TIGAO

王元媛　杨迪威　主编

中国地质大学出版社
ZHONGGUO DIZHI DAXUE CHUBANSHE

图书在版编目(CIP)数据

高等数学练习与提高. 四/王元媛,杨迪威主编. —武汉:中国地质大学出版社,2018.2
ISBN 978-7-5625-4228-5

Ⅰ. ①高…
Ⅱ. ①王…②杨…
Ⅲ. ①高等数学-高等学校-教学参考资料
Ⅳ. ①O13

中国版本图书馆 CIP 数据核字(2018)第 020541 号

高等数学练习与提高(四) **王元媛 杨迪威 主编**

责任编辑:郑济飞 龙昭月 责任校对:周 旭

出版发行:中国地质大学出版社(武汉市洪山区鲁磨路 388 号) 邮政编码:430074
电 话:(027)67883511 传真:67883580 E-mail:cbb@cug.edu.cn
经 销:全国新华书店 http://cugp.cug.edu.cn

开本:787 毫米×1 092 毫米 1/16 字数:115 千字 印张:4.5
版次:2018 年 2 月第 1 版 印次:2018 年 2 月第 1 次印刷
印刷:武汉市籍缘印刷厂

ISBN 978-7-5625-4228-5 定价:11.00 元

目　录

第八章　空间解析几何与向量代数 …… (1)

第一节　向量及其线性运算 …… (1)

第二节　数量积　向量积 …… (5)

第三节　平面及其方程 …… (9)

第四节　空间直线及其方程 …… (12)

第五节　曲面及其方程 …… (16)

第六节　空间曲线及其方程 …… (19)

第十章　重积分 …… (22)

第一节　二重积分的概念与性质 …… (22)

第二节　二重积分的计算法 …… (25)

第三节　三重积分 …… (30)

第四节　重积分的应用 …… (34)

第十二章　无穷级数 …… (37)

第一节　常数项级数的概念和性质 …… (37)

第二节　常数项级数的审敛法 …… (40)

第三节　幂级数 …… (45)

第四节　函数展开成幂级数 …… (49)

第五节　傅里叶级数 …… (53)

第六节　一般周期函数的傅里叶级数 …… (57)

参考答案 …… (61)

第八章　空间解析几何与向量代数

第一节　向量及其线性运算

理解向量的概念，熟悉向量的线性运算，理解空间直角坐标系、坐标轴、坐标面，理解向量的坐标分解式，会用坐标进行向量的线性运算，理解向量的模、方向角的概念及坐标表示式，理解投影的思想.

1. 向量的定义，向量的模，零向量，向量的平行，向量的加法运算法则和减法运算法则，向量与数的乘法，向量平行的充分必要条件；

2. 空间直角坐标系的建立，向量的坐标分解式，利用坐标作向量的线性运算，利用向量的坐标判断两个向量的平行；

3. 向量的模、方向角、方向余弦及坐标表示式.

例 1　设点 P 在 x 轴上，它到 $P_1(0,\sqrt{2},3)$ 的距离为到点 $P_2(0,1,-1)$ 的距离的两倍，求点 P 的坐标.

分析：根据点的位置特征设出坐标，再由两点间距离公式和题目条件解得未知数.

解：设 P 点坐标为 $(x,0,0)$，

$$|PP_1| = \sqrt{x^2+(\sqrt{2})^2+3^2} = \sqrt{x^2+11},$$

$$|PP_2| = \sqrt{x^2+(-1)^2+1^2} = \sqrt{x^2+2},$$

由 $|PP_1|=2|PP_2|$，得 $\sqrt{x^2+11}=2\sqrt{x^2+2}$，得 $x=\pm1$，　所求点为 $(1,0,0)$，$(-1,0,0)$.

例 2　求平行于向量 $\boldsymbol{a}=6\boldsymbol{i}+7\boldsymbol{j}-6\boldsymbol{k}$ 的单位向量.

分析：一个非零除以自己的模，即得与其同方向的单位向量。注意向量平行既包括同向也包括反向.

解：$|\boldsymbol{a}|=\sqrt{6^2+7^2+(-6)^2}=11$，

$\boldsymbol{a}^0=\dfrac{\boldsymbol{a}}{|\boldsymbol{a}|}=\dfrac{6}{11}\boldsymbol{i}+\dfrac{7}{11}\boldsymbol{j}-\dfrac{6}{11}\boldsymbol{k}$，$-\boldsymbol{a}^\circ=-\dfrac{\boldsymbol{a}}{|\boldsymbol{a}|}=-\dfrac{6}{11}\boldsymbol{i}-\dfrac{7}{11}\boldsymbol{j}+\dfrac{6}{11}\boldsymbol{k}$.

A 类题

1. 指出下列点的特殊性：

(1) (4,0,0)；

(2) (0,−7,0)；

(3) (0,−7,2)；

(4) (5,0,3).

2. 求点(a,b,c)关于(1)各坐标面；(2)各坐标轴；(3)坐标原点对称的点的坐标.

3. 设某点与给定点(2,−3,−1)分别关于下列坐标面：(1) xoy 平面；(2) yoz 平面；(3) xoz 平面对称，求它的坐标.

4. 设某点与给定点(2,−3,−1)分别关于下列各轴：(1)x 轴；(2)y 轴；(3)z 轴对称，求它的坐标.

5. 求点 $M(4,-3,5)$到各坐标轴的距离.

6. 设 $A(4,-7,1)$，$B(6,2,z)$，$|AB|=11$，求 z.

7. 方程 $x^2+y^2+z^2-2x+4y+2z=0$ 表示什么曲面？

8. 在 y 轴上求与点 $M_1(1,2,3)$ 和 $M_2(2,3,2)$ 等距离的点坐标.

9. 求证：以 $A(2,1,9)$，$B(8,-1,6)$，$C(0,4,3)$ 三点为顶点的三角形是一个等腰直角三角形.

10. 在 yoz 平面上求与已知三点 $A(3,1,2)$，$B(4,-2,-2)$ 和 $C(0,5,1)$ 等距离的点.

11. 设一向量与各坐标轴之间的夹角为 α,β,γ，其中 $\alpha=\frac{\pi}{3}$，$\beta=\frac{2\pi}{3}$，求 γ.

12. 分别求 $\boldsymbol{a}=(1,1,1)$，$\boldsymbol{b}=(2,-3,5)$，$\boldsymbol{c}=(-2,-1,2)$ 的模，并且用单位向量 $\boldsymbol{a}^0$，$\boldsymbol{b}^0$，$\boldsymbol{c}^0$ 表示 $\boldsymbol{a},\boldsymbol{b},\boldsymbol{c}$.

13. 已知两点 $A(4,0,5)$,$B(7,1,3)$,求$\overrightarrow{AB}$,$|\overrightarrow{AB}|$及方向与$\overrightarrow{AB}$一致的单位向量.

14. 给定两点 $M_1(2,5,-3)$和 $M_2(3,-2,5)$,设在线段$\overline{M_1M_2}$上的一点 M 满足$\overrightarrow{M_1M}=3\overrightarrow{MM_2}$,求向量$\overrightarrow{OM}$的坐标.

15. 设向量$|\boldsymbol{a}|=6$,$\boldsymbol{a}$ 与 x,y 轴的夹角分别为$\frac{\pi}{6}$,$\frac{\pi}{3}$,求 $\boldsymbol{a}$ 的坐标表示式.

16. 已知两点 $M_1(4,\sqrt{2},1)$,$M_2(3,0,2)$,计算向量$\overrightarrow{M_1M_2}$的模、方向余弦和方向角.

17. 设 $M_1(1,3,4)$,$M_2(2,1,3)$,求$\overrightarrow{OM_1}+\overrightarrow{OM_2}$,$\overrightarrow{OM_1}-\overrightarrow{OM_2}$,$\overrightarrow{M_1M_2}$.

18. 已知向量 $\boldsymbol{a}$ 与三个坐标轴成相等的锐角,求 $\boldsymbol{a}$ 的方向余弦. 若$|\boldsymbol{a}|=2$,求 $\boldsymbol{a}$.

B类题

1. 从点 $A(2,-1,7)$ 沿向量 $\boldsymbol{a}=8\boldsymbol{i}+9\boldsymbol{j}-12\boldsymbol{k}$ 的方向取线段 $\overline{AB}$，其长为 $|AB|=34$，求点 B 坐标.

2. 已知不共线的非零向量 $\boldsymbol{a},\boldsymbol{b}$，求它们的夹角平分线上的单位向量.

3. 设平面上的一个四边形的对角线互相平分，证明它是平行四边形.

第二节　数量积　向量积

理解数量积的物理模型、定义、运算性质，理解向量积的定义和运算性质，掌握数量积和向量积的坐标表示式，能够熟练进行数量积和向量积的运算.

1. 数量积的定义和物理模型，数量积的投影表示式，数量积的性质和运算律，数量积的坐标式，利用数量积求两向量的夹角；

2. 向量积的定义，向量积的性质和运算律，向量积的坐标表示式.

例1　已知 $\boldsymbol{a}=\{1,1,-4\}$，$\boldsymbol{b}=\{1,-2,2\}$，求：

(1) $\boldsymbol{a}\cdot\boldsymbol{b}$；(2) $\boldsymbol{a}$ 与 $\boldsymbol{b}$ 的夹角 θ；(3) $\boldsymbol{a}$ 与 $\boldsymbol{b}$ 上的投影.

分析：(1) 代入数量积的坐标表示式；(2)代入夹角的坐标表示式；(3)基于数量积的投影表示式.

解:(1) $\boldsymbol{a}\cdot\boldsymbol{b}=1\cdot1+1\cdot(-2)+(-4)\cdot2=-9$.

(2) $\because \cos\theta=\dfrac{a_xb_x+a_yb_y+a_zb_z}{\sqrt{a_x^2+a_y^2+a_z^2}\sqrt{b_x^2+b_y^2+b_z^2}}=-\dfrac{1}{\sqrt{2}}$, $\quad\therefore \theta=\dfrac{3\pi}{4}$.

(3) $\because \boldsymbol{a}\cdot\boldsymbol{b}=|\boldsymbol{b}|\mathrm{Prj}_b\boldsymbol{a}$, $\quad\therefore \mathrm{Prj}_b\boldsymbol{a}=\dfrac{\boldsymbol{a}\cdot\boldsymbol{b}}{|\boldsymbol{a}|}=-3$.

例 2 证明向量 $\boldsymbol{c}$ 与向量$(\boldsymbol{a}\cdot\boldsymbol{c})\boldsymbol{b}-(\boldsymbol{b}\cdot\boldsymbol{c})\boldsymbol{a}$ 垂直.

分析:两个向量垂直的充要条件是数量积为零.

证明:$[(\boldsymbol{a}\cdot\boldsymbol{c})\boldsymbol{b}-(\boldsymbol{b}\cdot\boldsymbol{c})\boldsymbol{a}]\cdot\boldsymbol{c}=[(\boldsymbol{a}\cdot\boldsymbol{c})\boldsymbol{b}\cdot\boldsymbol{c}-(\boldsymbol{b}\cdot\boldsymbol{c})\boldsymbol{a}\cdot\boldsymbol{c}]$

$=(\boldsymbol{b}\cdot\boldsymbol{c})[\boldsymbol{a}\cdot\boldsymbol{c}-\boldsymbol{a}\cdot\boldsymbol{c}]=0$,得证.

例 3 求与 $\boldsymbol{a}=3\boldsymbol{i}-2\boldsymbol{j}+4\boldsymbol{k}$,$\boldsymbol{b}=\boldsymbol{i}+\boldsymbol{j}-2\boldsymbol{k}$ 都垂直的单位向量.

分析:两个向量的向量积同时垂直于这两个向量.

解:$\boldsymbol{c}=\boldsymbol{a}\times\boldsymbol{b}=\begin{vmatrix}\boldsymbol{i} & \boldsymbol{j} & \boldsymbol{k}\\ 3 & -2 & 4\\ 1 & 1 & -2\end{vmatrix}=10\boldsymbol{j}+5\boldsymbol{k}$,$\pm\dfrac{|\boldsymbol{c}|}{\boldsymbol{c}}=\pm\left(\dfrac{2}{\sqrt{5}}\boldsymbol{j}+\dfrac{1}{\sqrt{5}}\boldsymbol{k}\right)$.

A 类题

1. 判断正误:

(1) 若$|\boldsymbol{a}|\geqslant|\boldsymbol{b}|$,则必有 $\boldsymbol{a}\geqslant\boldsymbol{b}$. (　　)

(2) 若 $\boldsymbol{a}$ 在 $\boldsymbol{b}$ 上的投影与 $\boldsymbol{b}$ 在 $\boldsymbol{a}$ 上的投影相等,则必有$|\boldsymbol{a}|=|\boldsymbol{b}|$或 $\boldsymbol{a}\perp\boldsymbol{b}$. (　　)

(3) 设 $\boldsymbol{a},\boldsymbol{b},\boldsymbol{c}$ 为非零向量,若 $\boldsymbol{a}\times\boldsymbol{b}=\boldsymbol{a}\times\boldsymbol{c}$,则必有 $\boldsymbol{b}=\boldsymbol{c}$. (　　)

(4) 设 $\boldsymbol{a},\boldsymbol{b}$ 为非零向量,若 $\boldsymbol{a}/\!/\boldsymbol{b}$,则必有$|\boldsymbol{a}+\boldsymbol{b}|=|\boldsymbol{a}|+|\boldsymbol{b}|$. (　　)

(5) 若 $\boldsymbol{a}\cdot\boldsymbol{b}=0$,则必有 $\boldsymbol{a}=0$ 或 $\boldsymbol{b}=0$. (　　)

2. 设 $\boldsymbol{a}=2\boldsymbol{i}+2\boldsymbol{j}-\boldsymbol{k}$,$\boldsymbol{b}=-\boldsymbol{i}+2\boldsymbol{j}+2\boldsymbol{k}$,求 $\boldsymbol{a},\boldsymbol{b}$ 的模、方向余弦及 $\boldsymbol{a},\boldsymbol{b}$ 之间的夹角.

3. 求与向量 $\boldsymbol{a}=2\boldsymbol{i}-\boldsymbol{j}+2\boldsymbol{k}$ 共线且满足方程 $\boldsymbol{a}\cdot\boldsymbol{x}=-18$ 的向量 $\boldsymbol{x}$.

4. 求向量 $\boldsymbol{u}=2\boldsymbol{i}+3\boldsymbol{j}-\boldsymbol{k}$ 在向量 $\boldsymbol{v}=-3\boldsymbol{i}-\boldsymbol{j}+\boldsymbol{k}$ 上的投影及分向量.

5. 若 $\boldsymbol{a}+3\boldsymbol{b}$ 垂直于 $7\boldsymbol{a}-5\boldsymbol{b}$,而 $\boldsymbol{a}-4\boldsymbol{b}$ 垂直于 $7\boldsymbol{a}-2\boldsymbol{b}$,求 $\boldsymbol{a},\boldsymbol{b}$ 之间的夹角.

6. 求同时垂直于 $\boldsymbol{a}=2\boldsymbol{i}-\boldsymbol{j}-\boldsymbol{k},\boldsymbol{b}=\boldsymbol{i}+2\boldsymbol{j}-\boldsymbol{k}$ 的单位向量.

7. 已知 $\overrightarrow{OA}=\boldsymbol{i}+3\boldsymbol{k},\overrightarrow{OB}=\boldsymbol{j}+3\boldsymbol{k}$,求 $\triangle OAB$ 的面积.

8. 证明:

(1) $(2\boldsymbol{a}+\boldsymbol{b})\times(\boldsymbol{c}-\boldsymbol{a})+(\boldsymbol{b}+\boldsymbol{c})\times(\boldsymbol{a}+\boldsymbol{b})=\boldsymbol{a}\times\boldsymbol{c}$;

(2) $(\boldsymbol{a}\cdot\boldsymbol{b})^2+|\boldsymbol{a}\times\boldsymbol{b}|^2=|\boldsymbol{a}|^2|\boldsymbol{b}|^2$.

9. 已知平行四边形的两对角线向量为 $\boldsymbol{c}=\boldsymbol{m}+2\boldsymbol{n}$ 及 $\boldsymbol{d}=3\boldsymbol{m}-4\boldsymbol{n}$,而 $|\boldsymbol{m}|=1,|\boldsymbol{n}|=2,(\widehat{\boldsymbol{m},\boldsymbol{n}})=30^\circ$,求此平行四边形面积.

B 类题

1. 已知 $\boldsymbol{\alpha},\boldsymbol{\beta},\boldsymbol{\gamma}$ 都是单位向量,且满足 $\boldsymbol{\alpha}+\boldsymbol{\beta}+\boldsymbol{\gamma}=\vec{0}$,求 $\boldsymbol{\alpha}\cdot\boldsymbol{\beta}+\boldsymbol{\beta}\cdot\boldsymbol{\gamma}+\boldsymbol{\gamma}\cdot\boldsymbol{\alpha}$.

2. 已知 $|\boldsymbol{a}|=2,|\boldsymbol{b}|=3,|\boldsymbol{c}|=5,\boldsymbol{b}\cdot\boldsymbol{c}=7,|\boldsymbol{a}+\boldsymbol{b}+\boldsymbol{c}|=8$,求 $|\boldsymbol{a}-\boldsymbol{b}-\boldsymbol{c}|$.

3. 设 $\boldsymbol{a},\boldsymbol{b},\boldsymbol{c}$ 满足 $\boldsymbol{a}\perp\boldsymbol{b},(\boldsymbol{a}\hat{,}\boldsymbol{c})=\frac{\pi}{3},(\boldsymbol{b}\hat{,}\boldsymbol{c})=\frac{\pi}{6},|\boldsymbol{a}|=2,|\boldsymbol{b}|=|\boldsymbol{c}|=1$,求 $|\boldsymbol{a}+\boldsymbol{b}+\boldsymbol{c}|$.

4. 设 $\boldsymbol{a}$ 是非零向量,已知 $\boldsymbol{b}$ 在与 $\boldsymbol{a}$ 平行且正向与 $\boldsymbol{a}$ 一致的数轴上投影为 p,求极限:$\lim\limits_{x\to 0}\frac{|\boldsymbol{a}+x\boldsymbol{b}|-|\boldsymbol{a}|}{x}$.

5. 如图,已知向量 $\overrightarrow{OA}=\boldsymbol{a},\overrightarrow{OB}=\boldsymbol{b}$, 求证:

(1) $\triangle ODA$ 的面积等于 $\frac{|\boldsymbol{a}\cdot\boldsymbol{b}|\,|\boldsymbol{a}\times\boldsymbol{b}|}{2|\boldsymbol{b}|^2}$;

(2) 当 $\boldsymbol{a},\boldsymbol{b}$ 的夹角 θ 为何值时,$\triangle ODA$ 的面积取最大值?

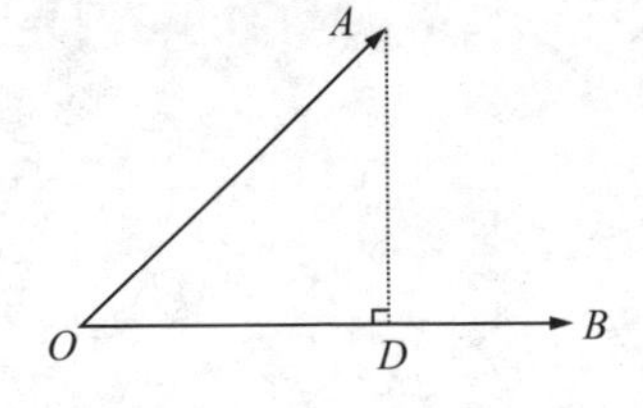

6. 设 $\boldsymbol{a}=(1,0,0),\boldsymbol{b}=(0,1,-2),\boldsymbol{c}=(2,-2,1)$,试在 $\boldsymbol{a}$ 与 $\boldsymbol{b}$ 确定的平面内,求一个模为 3 的向量 $\boldsymbol{d}$,使 $\boldsymbol{d}\perp\boldsymbol{c}$.

7. 设点 C 是点 A 和 B 连线外一点，证明：A,C,B 三点共线的充要条件是$\overrightarrow{OC}=\lambda\overrightarrow{OA}+\mu\overrightarrow{OB}$，其中 $\lambda+\mu=1$.

第三节　平面及其方程

理解曲面方程和空间曲线方程的概念，理解平面的点法式方程和一般方程，能够根据已知条件求平面的方程，理解并且会求平面的夹角，掌握点到平面的距离公式.

1. 平面的点法式方程；

2. 平面的一般方程；

3. 平面的截距式方程；

4. 点到平面的距离公式.

例 1　求过点 $M(2,4,-3)$ 且与平面 $2x+3y-5z=5$ 平行的平面方程.

分析：若两平面平行，则它们的法向量平行，可取已知平面的法向量为所求平面的法向量，从而得到所求平面的点法式方程.

解：因为所求平面和已知平面平行，而已知平面的法向量为 $\boldsymbol{n}_1=\{2,3,-5\}$. 设所求平面的法向量为 $\boldsymbol{n}$，则 $\boldsymbol{n}//\boldsymbol{n}_1$，故可取 $\boldsymbol{n}=\boldsymbol{n}_1$，于是，所求平面方程为

$$2(x-2)+3(y-4)-5(z+3)=0, \text{即 } 2x+3y-5z=31.$$

例 2　设平面过原点及点 $(6,-3,2)$，且与平面 $4x-y+2z=8$ 垂直，求此平面方程.

分析：采用待定系数法，利用两平面垂直的条件和其他已知条件，求得参数的比例关系.

解：设为 $Ax+By+Cz+D=0$，由平面过原点知 $D=0$，由平面过点 $(6,-3,2)$ 知 $6A-3B+2C=0$. 又 $\{A,B,C\}\perp\{4,-1,2\}$，得 $4A-B+2C=0$，得 $A=B=-\dfrac{2}{3}C$，

所求平面方程为 $2x+2y-3z=0$.

例 3　求平行于平面 $6x+y+6z+5=0$ 而与三个坐标面所围成的四面体体积为一个单位的平面方程.

分析：设出平面方程并化为截距式，进而用截距表示四面体的体积.

解: 设平面方程为 $6x+y+6z=k$,即$\dfrac{x}{\frac{k}{6}}+\dfrac{y}{k}+\dfrac{z}{\frac{k}{6}}=1$,则$\dfrac{1}{6}\left|\dfrac{k}{6}\cdot k\cdot\dfrac{k}{6}\right|=1$.

得 $k=\pm 6$,所求平面方程为 $6x+y+6z=\pm 6$.

A 类题

1. 判断正误:

(1) 一个平面的法线向量是唯一的. ( )

(2) 三个点可以决定唯一一个平面. ( )

(3)任何平面都有截距式方程. ( )

2. 求过点 $M_0(-2,-9,6)$且与连接坐标原点及 M_0 的线段$\overline{OM_0}$垂直的平面方程.

3. 求过定点 $P_0(x_0,y_0,z_0)$,且经过 x 轴的平面方程.

4. 求过点$(3,0,-1)$且与平面 $3x-7y+5z-12=0$ 平行的平面方程.

5. 求过三点 $A(1,2,3)$,$B(-2,1,-3)$和 $C(-2,-2,2)$的平面方程.

6. 一平面通过点$(2,1,-1)$,它在 x 轴和 y 轴上的截距分别为 2 和 1,求该平面方程.

7. 一平面经过坐标原点和点 $A(6,3,2)$，并与平面 $5x+4y-3z=8$ 垂直，求其平面方程.

8. 经过点 $M(-5,16,12)$ 作两个平面，一个包含 x 轴，另一个包含 y 轴，计算这两个平面间的夹角.

9. 求点 $M(3,2,1)$ 到平面 $x-2y+3z-16=0$ 的距离.

10. 一平面经过 oz 轴且与平面 $2x+y-\sqrt{5}z=7$ 的夹角为 $60°$，试求方程.

B 类题

1. 已知 $|\overrightarrow{OM_0}|=p$，$|\overrightarrow{OM_0}|$ 的方向角分别为 α,β,γ，试证明：过点 M_0 且垂直于 $|\overrightarrow{OM_0}|$ 的平面方程为 $x\cos\alpha+y\cos\beta+z\cos\gamma-p=0$.

2. 设有一平面，它与 xoy 坐标平面的交线是 $\begin{cases}2x+y-2=0,\\ z=0,\end{cases}$ 且它与三个坐标面所围成四面体的体积等于 2，求该平面的方程.

3. 一平面通过点 $M_1(x_1,y_1,z_1)$ 和 $M_2(x_2,y_2,z_2)$，且平行于矢量 $\boldsymbol{a}=\{m,n,p\}$，假定 $\overrightarrow{M_1M_2}$ 与 $\boldsymbol{a}$ 不平行，求此平面方程.

4. 设两平面 $\pi_1: 2x-3y+\sqrt{3}z+4=0$，$\pi_2: 3x+2y-2\sqrt{3}z-5=0$，求它们的两个平分角平面方程.

第四节　空间直线及其方程

理解直线的一般方程、对称式方程和参数方程，会把一般方程化为对称式方程和参数方程，理解并会求直线的夹角、直线与平面的夹角，会解与直线和平面有关的综合性问题.

1. 空间直线的一般方程；
2. 空间直线的对称式方程；
3. 空间直线的参数方程；
4. 两直线的夹角，直线与平面的夹角；
5. 平面束方程.

例 1　求过点 $(-3,2,5)$ 且与两个平面 $2x-y-5z=1$ 和 $x-4z=3$ 的交线平行的直线的方程.

分析： 过已知点作与两个已知平面分别平行的平面，其交线即为所求直线.

解： 过点 $(-3,2,5)$ 且分别与两个已知平面平行的平面为

$$\pi_1: 2(x+3)-(y-2)-5(z-5)=0,\ \pi_2: (x+3)-4(z-5)=0,$$

即

$$\pi_1: 2x-y-5z+33=0,\ \pi_2: x-4z+23=0.$$

所求直线的一般方程为：

$$\begin{cases} 2x-y-5z+33=0, \\ x-4z+23=0. \end{cases}$$

例 2　设一直线过点 $A(2,-3,4)$，且与 y 轴垂直相交，求其方程.

分析：利用 y 轴上点的坐标的特殊性.

解：因为直线和 y 轴垂直相交，所以交点为 $B(0,-3,0)$，$\boldsymbol{s}=\overrightarrow{BA}=\{2,0,4\}$，所求直线方程 $\frac{x-2}{2}=\frac{y+3}{0}=\frac{z-4}{4}$.

例 3　设直线 L：$\frac{x-1}{2}=\frac{y}{-1}=\frac{z+1}{2}$，平面 Π：$x-y+2z=3$，求直线与平面的夹角 φ.

分析：考察直线的方向向量与平面的法向量的夹角.

解：$\boldsymbol{n}=\{1,-1,2\}$，$\boldsymbol{s}=\{2,-1,2\}$，

$$\sin\varphi=\frac{|1\times 2+(-1)\times(-1)+2\times 2|}{\sqrt{6}\cdot\sqrt{9}}=\frac{7}{3\sqrt{6}},\ \varphi=\arcsin\frac{7}{3\sqrt{6}}.$$

A 类题

1. 试求直线 $\begin{cases}x-y+z+5=0,\\5x-8y+4z+36=0\end{cases}$ 的标准方程.

2. 求直线 $\frac{x-12}{4}=\frac{y-9}{3}=\frac{z-1}{1}$ 与平面 $3x+5y-z-2=0$ 的交点.

3. 求两条直线 $\frac{x+1}{-1}=\frac{y}{1}=\frac{z-1}{-2}$ 与 $\frac{x-2}{2}=\frac{y+1}{1}=\frac{z}{1}$ 的夹角.

4. 求直线 $\frac{x-3}{2}=\frac{y}{1}=\frac{z+4}{-1}$ 与平面 $x+2y+z-3=0$ 的夹角.

5. 求直线 L：$\begin{cases}3x-4y+z-2=0,\\x-2y=0\end{cases}$ 在 xoy 面及 yoz 面上的投影直线方程 l_1，l_2.

6. 求直线 $L:\dfrac{x-1}{-1}=\dfrac{y}{-1}=\dfrac{z-1}{1}$在平面 $\Pi:x-y+2z-1=0$ 上的投影直线方程.

7. 求过点 $P(2,2,2)$且与直线$\dfrac{x}{1}=\dfrac{y}{1}=\dfrac{z+2}{-3}$垂直相交的直线方程.

8. 确定直线 $L:\begin{cases}2x+y-1=0,\\3x+z-2=0\end{cases}$与平面 $\Pi:x+2y-z=1$ 的位置关系.

B 类题

1. 求过直线 $L:\begin{cases}x+2y-z+1=0,\\2x-3y+z=0\end{cases}$和点 $p_0(1,2,3)$的平面方程.

2. 求过点 $M(1,2,-1)$且与$\dfrac{x-2}{-1}=\dfrac{y+4}{3}=\dfrac{z+1}{1}$垂直的平面方程.

3. 已知两直线 $L_1:\dfrac{x-2}{1}=\dfrac{y+2}{-1}=\dfrac{z-3}{2}$与 $L_2:\dfrac{x-1}{-1}=\dfrac{y+1}{2}=\dfrac{z-1}{-1}$,求过直线 L_1 与 L_2 的平面方程.

4. 求过点 $P(-1,2,3)$并垂直于直线$\dfrac{x}{6}=\dfrac{y}{5}=\dfrac{z}{4}$且平行于平面 $3x+4y+5z+6=0$ 的直线方程.

5. 求点$(1,2,3)$到直线$\begin{cases}x+y-z=1,\\2x+z=3\end{cases}$的距离.

6. 求过平面 $\Pi:x+y+z=1$ 和直线 $L_1:\begin{cases}y=1,\\z=-1\end{cases}$的交点,并在已知平面上且垂直于已知直线的直线方程.

C 类题

1. 求直线 $L_1:\dfrac{x-1}{1}=\dfrac{y+1}{1}=\dfrac{z-1}{2}$与直线 $L_2:\dfrac{x+1}{2}=\dfrac{y-1}{1}=\dfrac{z-2}{4}$之间的最短距离.

2. 一直线过点 $P(-3,5,-9)$ 且和两直线 $L_1:\begin{cases}y=3x+5,\\z=2x-3,\end{cases}$ $L_2:\begin{cases}y=4x-7,\\z=5x+10\end{cases}$ 相交,求此直线方程.

第五节　曲面及其方程

会根据点的几何轨迹建立曲面的方程,会从方程出发研究曲面的形状,理解旋转曲面的定义,会根据母线和轴求旋转曲面的方程,理解柱面的定义,会判断柱面的类型,了解二次曲面的分类,会用截痕法分析曲面形状.

1. 旋转曲面的定义和求法;
2. 柱面的概念和判定;
3. 二次曲面的分类.

典型例题

例 1　求与原点 O 及 $M_0(2,3,4)$ 的距离之比为 $1:2$ 的点的全体所组成的曲面方程.

分析: 根据两点间距离公式得到方程,然后化简.

解: 设 $M(x,y,z)$ 是曲面上任一点,根据题意有

$$\frac{|MO|}{|MM_0|}=\frac{1}{2},\quad 即\frac{\sqrt{x^2+y^2+z^2}}{\sqrt{(x-2)^2+(y-3)^2+(z-4)^2}}=\frac{1}{2},$$

所求方程为 $\left(x+\frac{2}{3}\right)^2+(y+1)^2+\left(z+\frac{4}{3}\right)^2=\frac{116}{9}$.

A 类题

1. 填空题

(1) 将 xoy 坐标面上的圆 $x^2+(y-1)^2=2$ 绕 y 轴旋转一周所得到的球面的方程为__________,且球心坐标是________,半径为________.

(2) 方程 $y^2=3z$ 表示的曲面是母线平行于________轴的________柱面.

(3) 曲线 $\begin{cases}5x^2-4y^2=80,\\z=0\end{cases}$ 绕 y 轴旋转一周所得到的旋转曲面方程________.

(4) 方程组$\begin{cases}\dfrac{x^2}{25}+\dfrac{y^2}{9}=1,\\ y=3,\end{cases}$在空间中表示的是____________________.

2. 指出下列方程表示什么曲面，并作草图.

(1) $-\dfrac{x^2}{4}+\dfrac{y^2}{9}=1$；

(2) $\dfrac{x^2}{9}+\dfrac{z^2}{4}=1$；

(3) $y^2-z=0$；

(4) $\dfrac{x^2}{4}+\dfrac{y^2}{4}=z$；

(5) $x^2+y^2-\dfrac{z^2}{9}=0$；

(6) $x^2-\dfrac{y^2}{4}-\dfrac{z^2}{4}=1$.

3. (1) 方程 $x^2+y^2+z^2-2x+4y+2z=0$ 表示什么曲面？

(2) 将 xoz 坐标面上的抛物线 $z^2=5x$ 绕 x 轴旋转一周，求所生成的旋转曲面的方程.

(3) 将 xoz 坐标面上的圆 $x^2+z^2=9$ 绕 z 轴旋转一周,求所生成的旋转曲面的方程.

(4) 将 xoy 坐标面上的双曲线 $4x^2-9y^2=36$ 分别绕 x 轴及 y 轴旋转一周,求所生成的旋转曲面的方程.

B 类题

1. 已知准线方程为立方抛物线 $C:\begin{cases} y=x^3, \\ z=0, \end{cases}$ 求:

(1) 以 $\{l,m,n\}$ 为母线方向的柱面方程;

(2) 以 (a,b,c),$c\neq 0$ 为顶点的锥面方程.

C 类题

1. (2013 年考研题数一)设直线 L 过 $A(1,0,0)$,$B(0,1,1)$ 两点,将 L 绕 z 轴旋转一周得到曲面 Σ,求曲面 Σ 的方程.

2.(2009 年考研题数一)椭球面 S_1 是椭圆 $\frac{x^2}{4}+\frac{y^2}{3}=1$ 绕 x 轴旋转而成,圆锥面 S_2 是由过点(4,0)且与椭圆 $\frac{x^2}{4}+\frac{y^2}{3}=1$ 相切的直线绕 x 轴旋转而成,求 S_1 及 S_2 的方程.

第六节　空间曲线及其方程

理解空间曲线的一般方程,能够根据方程画出曲线的图形,理解曲线的参数方程,理解并会求曲线在坐标面上的投影,会求立体在坐标面上的投影.

1. 空间曲线的一般方程;
2. 空间曲线的参数方程;
3. 空间曲线在坐标面上的投影.

例 1　求曲线 $\begin{cases} x^2+y^2+z^2=1, \\ z=\frac{1}{2} \end{cases}$ 在坐标面上的投影方程.

分析: 分别消变量 x,y,z,结合实际图形考察变量的取值范围.

解: (1)消变量 z,得 $x^2+y^2=\frac{3}{4}$,在 xoy 面上的投影为

$$\begin{cases} x^2+y^2=\frac{3}{4}, \\ z=0; \end{cases}$$

(2) 因曲线在平面 $z=\frac{1}{2}$ 上,所以在 xoz 面上的投影为线段

$$\begin{cases} z=\frac{1}{2}, \\ y=0 \end{cases} \quad |x|\leqslant\frac{\sqrt{3}}{2};$$

(3) 在 yoz 面上的投影为线段

$$\begin{cases} z=\frac{1}{2}, \\ x=0 \end{cases} \quad |y|\leqslant\frac{\sqrt{3}}{2}.$$

A 类题

1. 指出下列方程所表示的曲线：

(1) $\begin{cases} x^2-y^2=8z, \\ z=8; \end{cases}$

(2) $\begin{cases} x^2+y^2+z^2=25, \\ z=3; \end{cases}$

(3) $\begin{cases} x^2-4y^2+9z^2=36, \\ y=1; \end{cases}$

(4) $\begin{cases} y^2+z^2-4x+8=0, \\ y=4. \end{cases}$

2. 将曲线 $\begin{cases} x+y=2, \\ x^2+y^2+z^2=2(x+y) \end{cases}$ 表示成参数方程形式.

3. 求曲线 C：$\begin{cases} x^2+z^2+3yz-2x+3z-3=0, \\ y-z+1=0 \end{cases}$ 关于 zox 面的投影柱面方程和 C 在 zox 面的投影曲线方程.

4. 求抛物柱面 $y^2=ax$ 与旋转抛物面 $y^2+z^2=4ax$ 的交线 C 在 xoz 坐标面上的的投影.

5. 求上半球 $0\leqslant z\leqslant\sqrt{a^2-x^2-y^2}$ 与圆柱体 $x^2+y^2\leqslant ax(a>0)$ 的公共部分在 xOy 面和 xOz 面上的投影.

6. 求球面 $x^2+y^2+z^2=9$ 与平面 $x+z=1$ 的交线在 xOy 面上的投影的方程.

B 类题

分别求母线平行于 x 轴、y 轴而且通过曲线 $\begin{cases}2x^2+y^2+z^2=16,\\ x^2+z^2-y^2=0\end{cases}$ 的柱面方程.

第十章　重积分

第一节　二重积分的概念与性质

本节要求读者理解二重积分的概念,了解二重积分的性质.

1. 二重积分的定义及几何意义;

2. 二重积分的可加性、估值不等式及中值定理.

例 1　利用二重积分的性质估计积分 $I=\iint\limits_{D}xy(x+y)\mathrm{d}\sigma$,其中 $D:0\leqslant x\leqslant 1,0\leqslant y\leqslant 1$ 的值.

分析:利用估值不等式可以估算出二重积分的大致范围.

解:设 $f(x,y)=xy(x+y)$ 且 $0\leqslant x\leqslant 1,0\leqslant y\leqslant 1$

$$\therefore f_{\min}(x,y)=f(0,0)=0,\quad \therefore f_{\max}(x,y)=f(1,1)=2;$$

故由积分估值公式得 $0\cdot\sigma\leqslant I\leqslant 2\cdot\sigma$,而 $\sigma=1$,所以 $0\leqslant I\leqslant 2$.

例 2　估计二重积分 $I=\iint\limits_{|x|+|y|\leqslant 10}\dfrac{1}{100+\cos^2 x+\sin^2 y}\mathrm{d}\sigma$ 的值.

分析:可用二重积分的中值定理估计积分值,其本质上与用单调性估值是一致的.

解:利用中值定理,因为 $f(x,y)=\dfrac{1}{100+\cos^2 x+\sin^2 y}$ 在闭区域 D 上连续,所以在 D 上至少有一点 (ξ,η),使得 $I=\dfrac{1}{100+\cos^2\xi+\cos^2\eta}\sigma$,显然 $\dfrac{1}{102}\leqslant\dfrac{1}{100+\cos^2\xi+\cos^2\eta}\leqslant\dfrac{1}{100}$,而 $\sigma=200$,所以 $\dfrac{100}{51}=\dfrac{200}{102}\leqslant I\leqslant\dfrac{200}{100}=2$.

例 3　根据二重积分性质,比较 $\iint\limits_{D}\ln(x+y)\mathrm{d}\sigma$ 与 $\iint\limits_{D}[\ln(x+y)]^2\mathrm{d}\sigma$ 的大小,其中 D 是矩形闭区域:$3\leqslant x\leqslant 5,0\leqslant y\leqslant 1$.

分析： 当积分区域相同时，根据二重积分的性质，可通过比较被积函数在积分区域内的大小来判断二重积分的大小.

解： 在 D 上有 $x+y>e$，所以 $\ln(x+y)>1$，$\ln(x+y)\leqslant[\ln(x+y)]^2$，因而有 $\iint\limits_D[\ln(x+y)]^2\mathrm{d}\sigma>\iint\limits_D\ln(x+y)\mathrm{d}\sigma$.

A 类题

1. 填空题：

(1) 已知 $D: x^2+y^2\leqslant a^2(a>0)$，且 $\iint\limits_D\sqrt{a^2-x^2-y^2}\,\mathrm{d}\sigma=\pi$，则 $a=$ ______ (提示：利用二重积分的几何意义).

(2) 若区域 D 是以 $(0,1)$，$(0,-1)$，$(1,0)$ 为顶点的三角形区域，则根据二重积分的几何意义，$\iint\limits_D y\,\mathrm{d}\sigma=$ ______.

(3) 已知 $I_1=\iint\limits_{x^2+y^2\leqslant1}|xy|\,\mathrm{d}\sigma$，$I_2=\iint\limits_{|x|+|y|\leqslant1}|xy|\,\mathrm{d}\sigma$，$I_3=\iint\limits_{-1\leqslant x,y\leqslant1}|xy|\,\mathrm{d}\sigma$，则它们之间的大小关系为 ______.

(4) 若区域 D 是以 $(1,1)$，$(1,0)$，$(2,0)$ 为顶点的三角形区域，$I_1=\iint\limits_D\ln(x+y)\mathrm{d}\sigma$，$I_2=\iint\limits_D[\ln(x+y)]^2\mathrm{d}\sigma$，则它们之间的大小关系为 ______.

2. 利用二重积分的性质估计下列积分的值：

(1) $I=\iint\limits_D\frac{\mathrm{d}\sigma}{\sqrt{x^2+y^2+2xy+16}}$ 其中 $D: 0\leqslant x\leqslant1, 0\leqslant y\leqslant2$.

(2) $I=\iint\limits_D\sin^2x\sin^2y\,\mathrm{d}\sigma$，其中 $D: 0\leqslant x\leqslant\pi, 0\leqslant y\leqslant\pi$.

B 类题

1. 设 D_1 是 x 轴、y 轴与 $x+y=1$ 所围区域，D_2 为 $(x-2)^2+(y-1)^2\leqslant 2$，试在同一坐标系中画出 D_1 与 D_2 的图形，并根据二重积分的性质由小到大的次序排列出 I_1、I_2、I_3、I_4，其中 $I_1=\iint\limits_{D_1}(x+y)^2\mathrm{d}\sigma$，$I_2=\iint\limits_{D_1}(x+y)^3\mathrm{d}\sigma$，$I_3=\iint\limits_{D_2}(x+y)^2\mathrm{d}\sigma$，$I_4=\iint\limits_{D_2}(x+y)^3\mathrm{d}\sigma$.

2. 对于二重积分 $I=\iint\limits_{D}f(x,y)\mathrm{d}\sigma$，若积分区域 D 关于 x 轴对称，有(1) 当 $f(x,-y)=-f(x,y)$ 时，则 $I=0$；(2) 当 $f(x,-y)=f(x,y)$ 时，则 $I=2\iint\limits_{D_1}f(x,y)\mathrm{d}\sigma$，其中 $D_1=\{(x,y)\mid(x,y)\in D,y\geqslant 0\}$. 若积分区域关于 y 轴对称，有(1) 当 $f(-x,y)=-f(x,y)$ 时，则 $I=0$；(2) 当 $f(x,-y)=f(x,y)$ 时，则 $I=2\iint\limits_{D_1}f(x,y)\mathrm{d}\sigma$，其中 $D_1=\{(x,y)\mid(x,y)\in D,x\geqslant 0\}$. 试利用此性质计算：$I=\iint\limits_{D}x\ln(y+\sqrt{1+y^2})\mathrm{d}\sigma$，其中 D 由 $y=4-x^2$，$y=-3x$，$x=1$ 所围成.

C类题

1. 设 $f(x,y)$在平面区域 $D: x^2+y^2\leqslant 1$ 上连续,证明:

$$\lim_{R\to 0}\frac{1}{R^2}\iint\limits_{x^2+y^2\leqslant R^2} f(x,y)\mathrm{d}\sigma=\pi f(0,0).$$

2. 对于二重积分 $I=\iint\limits_D f(x,y)\mathrm{d}\sigma$,若积分区域 D 关于 $y=x$ 对称,则有$\iint\limits_D f(x,y)\mathrm{d}\sigma=\iint\limits_D f(y,x)\mathrm{d}\sigma$(轮换对称性).试利用此性质计算下题:

设 $\varphi(x)$ 为$[0,1]$上的正值连续函数,计算$\iint\limits_D \frac{a\varphi(x)+b\varphi(y)}{\varphi(x)+\varphi(y)}\mathrm{d}\sigma$,其中 a,b 为常数,$D=\{(x,y)\mid 0\leqslant x,y\leqslant 1\}$.

第二节　二重积分的计算法

本节要求读者掌握二重积分在直角坐标系及极坐标系下的计算方法.

1. 直角坐标系中二重积分如何化为二次积分(X 型、Y 型);
2. 极坐标系中二重积分如何化为二次积分;
3. 利用二重积分的几何含义求空间立体的体积.

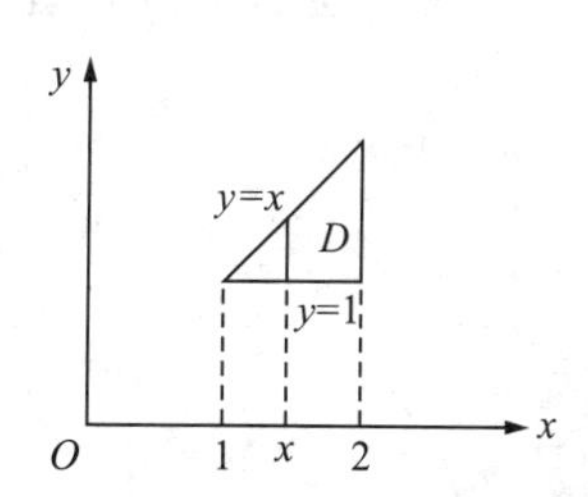

例 1　计算$\iint\limits_D xy\,\mathrm{d}\sigma$,其中 D 是由直线 $y=1$,$x=2$ 及 $y=x$ 所围.

解法 1:积分区域看作 X 型时,

$$\iint_D xy\,d\sigma = \int_1^2\left[\int_1^x xy\,dy\right]dx = \int_1^2\left[x\cdot\frac{y^2}{2}\right]\Big|_1^x dx$$

$$= \int_1^2\left(\frac{x^3}{2}-\frac{x}{2}\right)dx = \left[\frac{x^4}{8}-\frac{x^2}{4}\right]\Big|_1^2 = 1\frac{1}{8}$$

解法 2:积分区域看做 Y 型时,

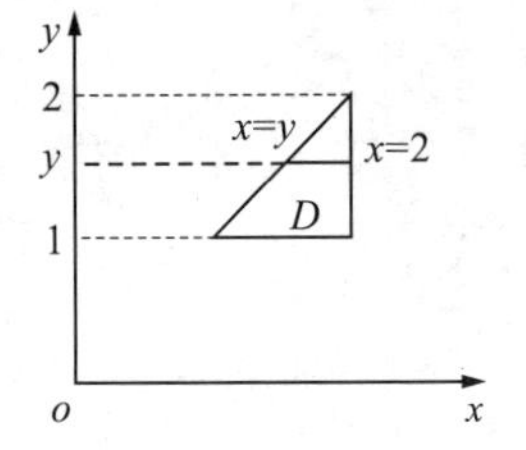

$$\iint_D xy\,d\sigma = \int_1^2\left[\int_y^2 xy\,dx\right]dy = \int_1^2\left[y\cdot\frac{x^2}{2}\right]\Big|_y^2 dy$$

$$= \int_1^2\left(2y-\frac{y^3}{2}\right)dy = \left[y^2-\frac{y^4}{8}\right]\Big|_1^2 = 1\frac{1}{8}$$

例 2 求 $I=\iint_D x\,dx\,dy$,其中 D 在 x 轴上方,由

$y=-x, x^2+y^2=a^2, x^2-ax+y^2=0(a>0)$ 所围成.

分析:积分区域用极坐标表示较为容易.

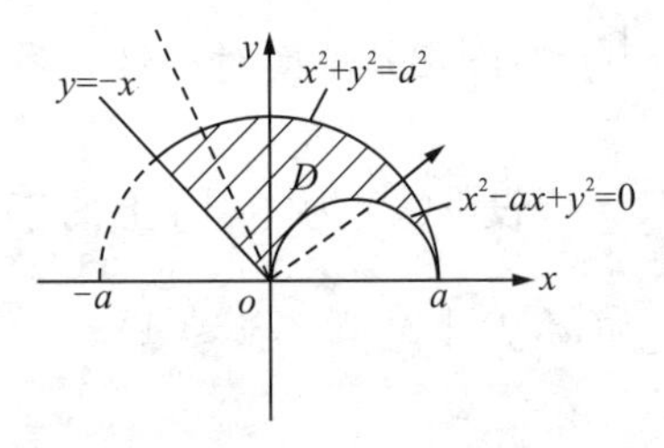

解:区域 D 的草图如图所示. 用极坐标进行计算.

令 $\begin{cases} x=r\cos\theta \\ y=r\sin\theta \end{cases}$

$y=-x$ 为 $\theta=\frac{3\pi}{4}$;$x^2+y^2=a^2$ 为 $r=a$;$x^2-ax+y^2=0$ 为 $r=a\cos\theta$.

$$I = \int_0^{\frac{\pi}{2}}d\theta\int_{a\cos\theta}^a r^2\cos\theta dr + \int_{\frac{\pi}{2}}^{\frac{3\pi}{4}}d\theta\int_0^a r^2\cos\theta dr$$

$$= \int_0^{\frac{\pi}{2}}\frac{a^3}{3}(1-\cos^3\theta)\cos\theta d\theta + \sin\theta\Big|_{\frac{\pi}{2}}^{\frac{3\pi}{4}}\cdot\frac{r^3}{3}\Big|_0^a$$

$$= \frac{a^3}{3}\int_0^{\frac{\pi}{2}}(\cos\theta-\cos^4\theta)d\theta + \frac{a^3}{3}\left(\frac{\sqrt{2}}{2}-1\right)$$

$$= \frac{a^3}{3}\left(1-\frac{3!!}{4!!}\cdot\frac{\pi}{2}+\frac{\sqrt{2}}{2}-1\right) = \frac{a^3}{48}(8\sqrt{2}-3\pi)$$

例 3 求由曲面 $z=3x^2+y^2$ 与 $z=1-x^2$ 所围成的立体的体积.

分析:二重积分的几何意义为柱体的体积,因此体积问题可转化为二重积分问题求解.

解:立体在 xoy 坐标面的投影区域为 D_{xy},设 D_1 为 D_{xy} 在第一象限的部分,则由对称性知:

$$V = 4\iint_{D_1}[1-x^2-(3x^2+y^2)]dxdy = 4\iint_{D_1}(1-4x^2-y^2)dxdy$$

$$= 4\int_0^{\frac{1}{2}}dx\int_0^{\sqrt{1-4x^2}}[(1-4x^2)-y^2]dy$$

$$= 4\int_0^{\frac{1}{2}} [(1-4x^2)^{\frac{3}{2}} - \frac{1}{3}(1-4x^2)^{\frac{3}{2}}]\mathrm{d}x$$

$$= \frac{8}{3}\int_0^{\frac{1}{2}} (1-4x^2)^{\frac{3}{2}}\mathrm{d}x = \frac{4}{3}\int_0^{\frac{\pi}{2}} \cos t\mathrm{d}t$$

$$= \frac{4}{3}\times\frac{3}{4}\times\frac{1}{2}\times\frac{\pi}{2} = \frac{\pi}{4}$$

A 类题

1．填空题：

(1) 设 D 是由 $y=x, y=2x$ 及 $x=4$ 所围成的区域，则 $\iint\limits_D \sqrt{x}\,y\mathrm{d}\sigma =$ ______________.

(2) 交换积分次序 $\int_0^2 \mathrm{d}x\int_x^{2x} f(x,y)\mathrm{d}y =$ ______________.

(3) $\int_0^2 \mathrm{d}x\int_0^{\sqrt{4-x^2}} \arctan\frac{y}{x}\mathrm{d}y$ 在极坐标系下的二次积分为______________.

(4) 计算 $I = \int_0^1 \mathrm{d}y\int_{\sqrt{y}}^1 \mathrm{e}^{\frac{y}{x}}\mathrm{d}x =$ ______________.

2．求 $\iint\limits_D x\mathrm{e}^{xy}\mathrm{d}x\mathrm{d}y$ 的值，其中 $D=\{(x,y)\,|\,0\leqslant x\leqslant 1,\ -1\leqslant y\leqslant 0\}$.

3．求积分 $\iint\limits_D (1+x)y\mathrm{d}\sigma$ 的值，其中 D 是顶点为 $(0,0)$、$(1,0)$、$(1,2)$、$(0,1)$ 的直边梯形.

4．交换下列二积分的积分次序：

(1) $\int_1^{\mathrm{e}} \mathrm{d}x\int_0^{\ln x} f(x,y)\mathrm{d}y$；

(2) $\int_0^1 dx\int_0^{x^2} f(x,y)dy+\int_1^3 dx\int_0^{\frac{1}{2}(3-x)} f(x,y)dy$;

(3) $\int_a^{2a} dx\int_{2a-x}^{\sqrt{2ax-x^2}} f(x,y)dy$;

(4) $\int_0^a dy\int_{\sqrt{a^2-y^2}}^{y+a} f(x,y)dx$.

5. 求 $\iint\limits_D x^2 e^{-y^2} dxdy$,其中 D 是以(0,0),(1,1),(0,1) 为定点的三角形.

6. 将下列二次积分化为极坐标下的二次积分:

(1) $\int_0^{2R} dy\int_0^{\sqrt{2Ry-y^2}} f(x,y)dx$;

(2) $\int_0^R dx\int_0^{\sqrt{R^2-x^2}} f(x^2+y^2)dy$.

7. 利用极坐标计算下列各题：

(1) $\iint\limits_D \ln(1+x^2+y^2)dxdy$,其中 D 为 $x^2+y^2=1$ 所围成的第一象限内的区域；

(2) $\int_0^1 dx\int_{x^2}^{x} (x^2+y^2)^{-\frac{1}{2}}dy$.

B 类题

1. 求 $\iint\limits_D \mathrm{sgn}(y-x^2)dxdy$ 的值,其中 $D=\{(x,y)\mid -1\leqslant x\leqslant 1,0\leqslant y\leqslant 1\}$.

2. 求积分 $\iint\limits_D(\sqrt{x^2+y^2-2xy}+2)d\sigma$ 的值,其中 D 是圆域 $x^2+y^2\leqslant 1$ 在第一象限的部分.

3. 选用适当的坐标系计算下列各题：

(1) $I=\iint\limits_{D}(x^2+y^2)\mathrm{d}\sigma$,其中 D 是 $x=-\sqrt{1-y^2}$, $y=-1$, $y=1$ 及 $x=-2$ 所围成的区域；

(2) $I=\iint\limits_{D}(x^2+xy\mathrm{e}^{x^2+y^2})\mathrm{d}\sigma$,其中 D: $x^2+y^2\leqslant 1$.

4. 求由平面 $y=0$, $y=kx(k>0)$, $z=0$ 以及球心在原点、半径为 R 的上半球面所围成的第一卦限内的立体体积.

5. 设平面薄片所占据的区域 D 由螺线 $\rho=2\theta$ 上的一段弧($0\leqslant\theta\leqslant\frac{\pi}{2}$)与直线 $\theta=\frac{\pi}{2}$ 所围成,其面密度为 $\mu(x,y)=x^2+y^2$,求平面薄片的质量.

第三节　三重积分

本节要求读者了解三重积分的概念,了解三重积分的计算方法(直角坐标、柱面坐标、球面坐标).

1. 三重积分的概念；
2. 在不同坐标系下将三重积分化为三次积分(直角坐标、柱面坐标、球面坐标).

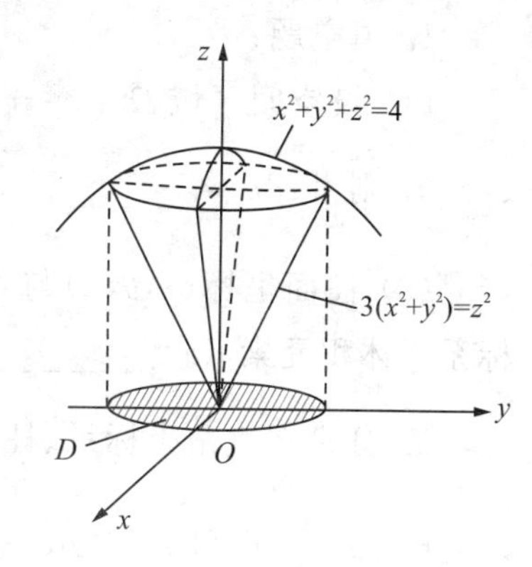

例 1 试将三重积分 $\iiint\limits_{\Omega} f(x,y,z)\mathrm{d}v$ 化为累次积分，其中 Ω 由 $x^2+y^2+z^2=4, z=\sqrt{3(x^2+y^2)}$ 围成，分别用直角坐标、柱面坐标、球面坐标表达累次积分.

解: 积分区域如图所示：由 $\begin{cases} x^2+y^2+z^2=4 \\ z=\sqrt{3(x^2+y^2)} \end{cases}$ 可得投影柱面为 $x^2+y^2=1$，投影区域为：D：$\begin{cases} x^2+y^2\leqslant 1 \\ z=0 \end{cases}$

(1)在直角坐标系下的累次积分为

$$\iiint\limits_{\Omega} f(x,y,z)\mathrm{d}v=\int_{-1}^{1}\mathrm{d}x\int_{-\sqrt{1-x^2}}^{\sqrt{1-x^2}}\mathrm{d}y\int_{\sqrt{3(x^2+y^2)}}^{\sqrt{4-x^2-y^2}} f(x,y,z)\mathrm{d}z$$

(2)在柱面坐标下的累次积分为

$$\iiint\limits_{\Omega} f(x,y,z)\mathrm{d}v=\int_{0}^{2\pi}\mathrm{d}\theta\int_{0}^{1}r\mathrm{d}r\int_{\sqrt{3}r}^{\sqrt{4-r^2}} f(r\cos\theta,r\sin\theta,z)\mathrm{d}z$$

(3)在球面坐标下的累次积分为

$$\iiint\limits_{\Omega} f(x,y,z)\mathrm{d}v=\int_{0}^{2\pi}\mathrm{d}\theta\int_{0}^{\frac{\pi}{6}}\mathrm{d}\varphi\int_{0}^{2} f(r\sin\varphi\cos\theta,r\sin\varphi\sin\theta,r\cos\varphi)r^2\sin\varphi\mathrm{d}r.$$

例 2 计算 $I=\int_{0}^{1}\mathrm{d}x\int_{0}^{1-x}\mathrm{d}z\int_{0}^{1-x-z}(1-y)\mathrm{e}^{-(1-y-z)^2}\mathrm{d}y.$

分析: 直接积分困难，可以考虑交换积分次序.

解: 积分区域 Ω 是由平面 $x+y+z=1$ 与三个坐标平面所围成的四面体，先对 x 积分，有

$$\begin{aligned}
I&=\iiint\limits_{\Omega}(1-y)\mathrm{e}^{-(1-y-z)^2}\mathrm{d}v=\iint\limits_{D_{yz}}\mathrm{d}y\mathrm{d}z\int_{0}^{1-y-z}(1-y)\mathrm{e}^{-(1-y-z)^2}\mathrm{d}x\\
&=\iint\limits_{D_{yz}}(1-y)(1-y-z)\mathrm{e}^{-(1-y-z)^2}\mathrm{d}y\mathrm{d}z\\
&=\int_{0}^{1}(1-y)\mathrm{d}y\int_{0}^{1-y}(1-y-z)\mathrm{e}^{-(1-y-z)^2}\mathrm{d}z\\
&=\frac{1}{2}\int_{0}^{1}(1-y)[\mathrm{e}^{-(1-y-1+y)^2}-\mathrm{e}^{-(1-y-0)^2}]\mathrm{d}y\\
&=\frac{1}{2}\int_{0}^{1}(1-y)[1-\mathrm{e}^{-(1-y)^2}]\mathrm{d}y=\frac{1}{4\mathrm{e}}
\end{aligned}$$

A 类题

1. 填空题:

(1) 设空间区域 $\Omega_1: x^2+y^2+z^2\leqslant R^2, z\geqslant 0$;$\Omega_2: x^2+y^2+z^2\leqslant R^2, x>0, y>0, z>0$,则 $\iiint\limits_{\Omega_1} z\mathrm{d}v=$ ________ $\iiint\limits_{\Omega_2} z\mathrm{d}v=$ ________.

(2) 柱面坐标(ρ,θ,z)与直角坐标(x,y,z)的关系为 ________,在柱面坐标系下体积元素 $\mathrm{d}v=$ ________.

2. 分别在直角坐标系、柱面坐标系下将三重积分 $I=\iiint\limits_{\Omega} z\mathrm{d}v$ 化为累次积分,其中 Ω 由 $z=6-x^2-y^2$ 和 $z=\sqrt{x^2+y^2}$ 所围成,并选择其中一种计算出结果.

3. 求下列三重积分:

(1) 求曲面 $x^2+y^2=az(a>0)$ 与 $z=2a-\sqrt{x^2+y^2}$ 所围立体的体积;

(2) $I=\iiint\limits_{\Omega}\dfrac{\mathrm{d}x\mathrm{d}y\mathrm{d}z}{x^2+y^2}$,其中 Ω 是由平面 $x=1$、$x=2$、$z=0$、$y=x$ 及 $z=y$ 围成;

(3) $I=\iiint\limits_{\Omega} z\mathrm{d}x\mathrm{d}y\mathrm{d}z$,其中 $\Omega=\{(x,y,z)\mid x^2+y^2+z^2\leqslant R^2, x\geqslant 0, y\geqslant 0, z\geqslant 0\}$;

(4) $I=\iiint\limits_{\Omega} e^{|z|}\,dv$,其中 $\Omega: x^2+y^2+z^2\leqslant 1$;

(5) $I=\iiint\limits_{\Omega}(x^2+y^2)\,dx\,dy\,dz$,$\Omega$ 是由锥面 $z=\sqrt{x^2+y^2}$ 及平面 $z=1,z=2$ 所围区域;

(6) $I=\iiint\limits_{\Omega} z^2\,dx\,dy\,dz$,$\Omega:\begin{cases}x^2+y^2+z^2\leqslant R^2\\ x^2+y^2+z^2\leqslant 2Rz\end{cases}$;

(7) 计算 $I=\int_{-1}^{1}dx\int_{-\sqrt{1-x^2}}^{\sqrt{1-x^2}}dy\int_{\sqrt{x^2+y^2}}^{1}(x^2+y^2+z^2)\,dz$.

B 类题

1. 对于三重积分 $I=\iiint\limits_{\Omega} f(x,y,z)\,dv$,若积分区域 Ω 关于 xoy 面对称,则

(1) 当 $f(x,y,-z)=-f(x,y,z)$ 时,则 $I=0$;

(2) 当 $f(x,y,-z)=f(x,y,z)$ 时,则 $I=2\iiint\limits_{\Omega_1} f(x,y,z)\,dv$,其中 $\Omega_1=\{(x,y,z)\mid(x,y,z)\in\Omega,z\geqslant 0\}$(偶倍奇零).

若积分区域 Ω 关于 yoz 面对称,

(1) 当 $f(-x,y,z)=-f(x,y,z)$ 时,则 $I=0$;

(2) 当 $f(-x,y,z)=f(x,y,z)$ 时,则 $I=2\iiint\limits_{\Omega_1} f(x,y,z)\,dv$,其中 $\Omega_1=\{(x,y,z)\mid(x,y,z)\in\Omega,z\geqslant 0\}$.

同理,若有积分区域 Ω 关于 zox 面对称,

(1) 当 $f(x,-y,z)=-f(x,y,z)$ 时,则 $I=0$;

(2) 当 $f(x,-y,z)=f(x,y,z)$ 时,则 $I=2\iiint\limits_{\Omega_1} f(x,y,z)\,dv$,其中 $\Omega_1=$

$\{(x,y,z)\mid(x,y,z)\in\Omega, z\geqslant0\}$.

试利用此性质计算：$I=\iiint\limits_{\Omega}(x^2+y^2+5xy^2\sin\sqrt{x^2+y^2})\mathrm{d}v$，其 Ω 由 $z=1, z=4$，$z=\frac{1}{2}(x^2+y^2)$ 所围成.

2. 设 $f(x)$ 连续，$\Omega:\{(x,y,z)\mid 0\leqslant z\leqslant h, x^2+y^2\leqslant t^2\}$，

$$F(t)=\iiint\limits_{\Omega}[z^2+f(x^2+y^2)]\mathrm{d}v$$，求 $\frac{\mathrm{d}F}{\mathrm{d}t}$ 及 $\lim\limits_{t\to0}\frac{F(t)}{t^2}$.

3. 求曲面 $x^2+y^2+z^2=a^2$ 与 $x^2+z^2=b^2(0<b<a)$ 所围立体的体积.

第四节　重积分的应用

本节要求读者能利用重积分的元素法计算曲面的面积、质心、转动惯量及引力.

知识要点

1. 曲面的面积的计算方法；
2. 平面薄片及空间立体的质心、转动惯量及引力计算公式.

典型例题

例 1　求锥面 $z=\sqrt{x^2+y^2}$ 被柱面 $z^2=2x$ 所割下部分的面积.

分析： 根据曲面的面积计算公式，选择合适的坐标系进行计算.

解： $\because \frac{\partial z}{\partial x}=\frac{x}{\sqrt{x^2+y^2}}, \frac{\partial z}{\partial y}=\frac{y}{\sqrt{x^2+y^2}}$，

$$\therefore 1+\left(\frac{\partial z}{\partial x}\right)^2+\left(\frac{\partial z}{\partial y}\right)^2=2$$

而曲面在 xoy 面上的投影区域为 $D:(x-1)^2+y^2\leqslant 1$

$$\therefore S=\iint\limits_D \sqrt{1+\left(\frac{\partial z}{\partial x}\right)^2+\left(\frac{\partial z}{\partial y}\right)^2}\,\mathrm{d}x\mathrm{d}y=\iint\limits_D \sqrt{2}\,\mathrm{d}x\mathrm{d}y=\sqrt{2}\,\pi$$

$$=\frac{1}{ab}(a^2b^2+b^2c^2+c^2a^2)^{\frac{1}{2}}\,\frac{1}{2}ab=\frac{1}{2}(a^2b^2+b^2c^2+c^2a^2)^{\frac{1}{2}}$$

例 2　求位于两圆 $\rho=2\sin\theta$ 和 $\rho=4\sin\theta$ 之间的均匀薄片的质心.

分析：对于均匀物体的质心可通过对称性预先判断中间的某些分量的值，再通过质心的计算公式对剩余分量加以计算.

解：因为闭区域 D 对称于 y 轴，所以质心 $C(\bar{x},\ \bar{y})$ 必位于 y 轴上，于是 $\bar{x}=0$.

$$\iint\limits_D y\,\mathrm{d}\sigma=\iint\limits_D \rho^2\sin\theta\mathrm{d}\rho\mathrm{d}\theta=\int_0^{\pi}\sin\theta\mathrm{d}\theta\int_{2\sin\theta}^{4\sin\theta}\rho^2\,\mathrm{d}\rho=7\pi\ ,$$

又有　$$\iint\limits_D \mathrm{d}\sigma=\pi\cdot 2^2-\pi\cdot 1^2=3\pi\ ,$$

所以　$$\bar{y}=\frac{\iint\limits_D y\,\mathrm{d}\sigma}{\iint\limits_D \mathrm{d}\sigma}=\frac{7\pi}{3\pi}=\frac{7}{3}\text{，所求质心是 } C\left(0,\ \frac{7}{3}\right).$$

例 3　求曲面 $z=x^2+2y^2$ 与 $z=6-2x^2-y^2$ 所围立体对 z 轴的转动惯量，物体体密度 $\rho=1$.

解：由 $\begin{cases} z=x^2+2y^2 \\ z=6-2x^2-y^2 \end{cases}$ 消 z，得 $x^2+y^2=2$，故立体在 xoy 坐标面上的投影区域 D_1：$x^2+y^2\leqslant 2$ 对 z 轴的转动惯量

$$I_z=\iiint\limits_{\Omega}(x^2+y^2)\mathrm{d}V$$

即

$$I_z=\iint\limits_{D_1}(x^2+y^2)\mathrm{d}x\mathrm{d}y\int_{x^2+2y^2}^{6-2x^2-y^2}\mathrm{d}z=3\iint\limits_{D_1}(x^2+y^2)(2-x^2-y^2)\mathrm{d}x\mathrm{d}y$$

$$=3\int_0^{2\pi}\mathrm{d}\theta\int_0^{\sqrt{2}}\gamma(2-\gamma^2)\gamma\mathrm{d}\gamma=4\pi.$$

A 类题

1. 求球面 $x^2+y^2+z^2=a^2$ 含在柱面 $x^2+y^2=ax$ 内部的那部分曲面的面积.

2. 求平面$\frac{x}{a}+\frac{y}{b}+\frac{z}{c}=1$被三坐标面所割出的有限部分的面积.

3. 设均匀薄片占据区域$D=\left\{(x,y)\mid \frac{x^2}{a^2}+\frac{y^2}{b^2}\leqslant 1, y\geqslant 0\right\}$,求质心.

4. 设有一等腰三角形薄片,腰长为a,各点处的面密度等于该点到直角顶点的距离的平方,求薄片的质心(提示:以直角顶点为原点,以两个等腰为坐标轴建立坐标系)。

B 类题

1. 设密度均匀的平面薄片占据区域D,D由$y=\sqrt{2px}$、$y=0$、$x=X$所围成,当X连续变化时其质心绘出一条曲线,求曲线方程.

2. 求均匀薄片,面密度为1,薄片所占区域为:$\frac{x^2}{a^2}+\frac{y^2}{b^2}\leqslant 1$,求其关于$y$轴的转动惯量.

3. 设有密度为ρ的均匀球顶锥体,球心在原点,球半径为R,锥顶角为$\frac{\pi}{3}$,锥顶点在原点,求该球顶锥体对锥顶点处质量为m的质点的引力(引力系数为k).

4. 利用质心坐标计算$\iint\limits_D(5x+3y)\mathrm{d}x\mathrm{d}y$,其中$D$由曲线$x^2+y^2+2x-4y-4=0$围成.

第十二章　无穷级数

第一节　常数项级数的概念和性质

本节要求读者理解常数项级数收敛的定义，收敛级数的基本性质，特别是级数收敛的必要条件.

1. 常数项级数收敛的定义；
2. 级数收敛的必要条件.

例 1　设 $a_n=\int_0^{\frac{\pi}{4}}\tan^n x\,\mathrm{d}x$，则 $\sum\limits_{n=1}^{\infty}\frac{1}{n}(a_n+a_{n+2})=$ ________.

分析： 先利用定积分运算性质求出 (a_n+a_{n+2})，然后求出该级数的部分和数列，最后求部分和数列的极限得到该级数的和.

解： $a_n+a_{n+2}=\int_0^{\frac{\pi}{4}}(\tan^n x+\tan^{n+2}x)\mathrm{d}x=\int_0^{\frac{\pi}{4}}\tan^n x(1+\tan^2 x)\mathrm{d}x=\int_0^{\frac{\pi}{4}}\tan^n x\,\mathrm{d}\tan x$

$$=\frac{1}{n+1}$$

则

$$\sum_{n=1}^{\infty}\frac{1}{n}(a_n+a_{n+2})=\sum_{n=1}^{\infty}\frac{1}{n(n+1)}=1.$$

例 2　判别下列级数的敛散性：

(1) $\sum\limits_{n=1}^{\infty}n\sin\frac{2}{n}$；　　(2) $\sum\limits_{n=1}^{\infty}\frac{1}{(2n-1)(2n+1)}$.

分析： 判断级数收敛，首先要判断一般项是否趋于零. 如果不趋于零，则由级数收敛的必要条件，直接判别出级数发散；如果趋于零，可以考虑求出级数的部分数列，通过判断部分和数列是否收敛，得到级数的敛散性.

解： (1) $\lim\limits_{n\to\infty}u_n=\lim\limits_{n\to\infty}n\sin\frac{2}{n}=\lim\limits_{n\to\infty}2\frac{\sin\frac{2}{n}}{\frac{2}{n}}=2\neq0$；

(2) 由于$\frac{1}{(2n-1)(2n+1)}=\frac{1}{2}(\frac{1}{2n-1}-\frac{1}{2n+1})$，$\lim\limits_{n\to\infty}S_n=\frac{1}{2}(1-\frac{1}{2n+1})=\frac{1}{2}$，

即 $\sum\limits_{n=1}^{\infty}\frac{1}{(2n-1)(2n+1)}$ 收敛于$\frac{1}{2}$.

例 3 已知级数$\sum\limits_{n=1}^{\infty}u_n$的部分和$S_n=\frac{2n}{n+1}(n=1,2,3,\cdots)$,试求此级数的一般项$u_n$，并判断此级数的收敛性.

分析：通过级数收敛的定义,即部分和数列的极限是否存在判断级数的敛散性.

解：$u_n=S_n-S_{n-1}=\frac{2}{n(n+1)}$,由于$\lim\limits_{n\to\infty}S_n=2$,所以级数收敛.

例 4 求 $\sum\limits_{n=1}^{\infty}\frac{2n+1}{n^2(n+1)^2}$ 级数的和.

分析：通过对级数的前 n 项分拆求和,得其部分数列,进而求出级数的和.

解：$S_n=\sum\limits_{k=1}^{n}\frac{2k+1}{k^2(k+1)^2}=\sum\limits_{k=1}^{n}\left(\frac{1}{k^2}-\frac{1}{(k+1)^2}\right)=1-\frac{1}{(n+1)^2}$

所以 $\sum\limits_{n=1}^{\infty}\frac{2n+1}{n^2(n+1)^2}=\lim\limits_{n\to\infty}S_n=1$.

A 类题

1. 选择题:

(1) 若级数 $\sum\limits_{n=1}^{\infty}\frac{a}{q^n}$ 收敛,a 为常数,则(　　).

A. $q=1$　　B. $|q|<1$　　C. $q=-1$　　D. $|q|>1$

(2) 下列结论正确的是(　　).

A. 若$\lim\limits_{n\to\infty}u_n=0$,则$\sum\limits_{n=1}^{\infty}u_n$ 收敛　　B. 若$\lim\limits_{n\to\infty}(u_{n-1}-u_n)=0$,则$\sum\limits_{n=1}^{\infty}u_n$ 收敛

C. 若$\sum\limits_{n=1}^{\infty}u_n$ 收敛,则$\lim\limits_{n\to\infty}u_n=0$　　D. 若$\sum\limits_{n=1}^{\infty}u_n$ 发散,则$\lim\limits_{n\to\infty}u_n\neq 0$

(3) 下列结论正确的是(　　).

A. 若$\sum\limits_{n=1}^{\infty}u_n$ 和$\sum\limits_{n=1}^{\infty}v_n$ 都收敛,则$\sum\limits_{n=1}^{\infty}(u_n+v_n)$ 收敛

B. 若$\sum\limits_{n=1}^{\infty}(u_n+v_n)$ 收敛,则$\sum\limits_{n=1}^{\infty}u_n$ 和$\sum\limits_{n=1}^{\infty}v_n$ 都收敛

C. 若$\sum\limits_{n=1}^{\infty}u_n$ 和$\sum\limits_{n=1}^{\infty}v_n$ 都发散,则$\sum\limits_{n=1}^{\infty}(u_n+v_n)$ 发散

D. 若$\sum\limits_{n=1}^{\infty}(u_n+v_n)$ 发散,则$\sum\limits_{n=1}^{\infty}u_n$ 和$\sum\limits_{n=1}^{\infty}v_n$ 发散

(4) 若级数 $\sum\limits_{n=1}^{\infty}u_n$ 和$\sum\limits_{n=1}^{\infty}v_n$ 分别收敛于S_1,S_2,则下列选项中不成立的是(　　).

A. $\sum_{n=1}^{\infty}(u_n \pm v_n) = S_1 \pm S_2$　　B. $\sum_{n=1}^{\infty} ku_n = kS_1$

C. $\sum_{n=1}^{\infty} kv_n = kS_2$　　D. $\sum_{n=1}^{\infty} \frac{u_n}{v_n} = \frac{S_1}{S_2}$

(5) 已知级数 $\sum_{n=1}^{\infty} u_n = S, u_1 = 1$，则 $\sum_{n=1}^{\infty}(u_n + u_{n+1}) = ($　　$)$.

A. $2S-1$　　B. $S+2$　　C. $2S$　　D. $2S+1$

2. 根据级数收敛的定义判定下列级数的收敛性，若收敛则求其和：

(1) $\sum_{n=1}^{\infty}(-1)^n$；　　(2) $\sum_{n=1}^{\infty} \frac{1}{(3n-2)(3n+1)}$；

(3) $\sum_{n=1}^{\infty}(\sqrt{n+1} - \sqrt{n})$；　　(4) $1 - \frac{1}{2} + \frac{1}{4} - \frac{1}{8} + \cdots + \frac{(-1)^{n-1}}{2^{n-1}} + \cdots$.

3. 判定下列级数的收敛性：

(1) $\frac{2}{1000} + \frac{3}{2000} + \frac{4}{3000} + \cdots + \frac{n-1}{1000n} + \cdots$；

(2) $\frac{1}{2} + \frac{3}{4} + \frac{5}{6} + \frac{7}{8} + \cdots$；

(3) $\sum_{n=1}^{\infty} n\sin\frac{1}{n}$;

(4) $\frac{1}{2}+\frac{1}{10}+\frac{1}{2^2}+\frac{1}{20}+\frac{1}{2^3}+\frac{1}{30}+\cdots\frac{1}{2^n}+\frac{1}{10n}+\cdots$.

4. 设 $\sum_{n=1}^{\infty} u_n$ 收敛，a 为非零常数，判断 $\sum_{n=1}^{\infty}(u_n + a)$ 是否收敛.

5. 设 $\sum_{n=1}^{\infty} u_n(u_n > 0)$ 的部分和为 S_n，$v_n = \frac{1}{S_n}$，$\sum_{n=1}^{\infty} v_n$ 收敛，判定 $\sum_{n=1}^{\infty} u_n$ 是否收敛.

第二节　常数项级数的审敛法

本节要求读者熟练掌握和使用正项级数收敛性的判别法以及判断交错级数收敛的莱布尼茨定理. 理解绝对收敛和条件收敛的定义.

1. 正项级数的比较审敛法及其极限形式；
2. 正项级数的比值审敛法；
3. 正项级数的根值审敛法；
4. 交错级数的莱布尼茨定理；
5. 利用正项级数判断一般级数绝对收敛.

例 1　判别下列级数是否收敛：

(1) $\sum\limits_{n=1}^{\infty}\frac{3^n}{n2^n}$；　　(2) $\sum\limits_{n=1}^{\infty}\frac{n^n}{n!}$.

分析：利用正项级数的比较判别法判别级数收敛，就是找一个已知敛散性的级数（通常为 p 级数）与之比较，通过其敛散性判断所求级数是否收敛. 利用比值判别法判别级数收敛就是通过级数一般项的前项与后项之比的极限是否小于 1，判断级数是否收敛.

解：

(1) **解法 1**：由于 $\frac{3^n}{n2^n}>\frac{1}{n}(n=1,2,\cdots)$，而 $\sum\limits_{n=1}^{\infty}\frac{1}{n}$ 发散，由比较判别法可知级数 $\sum\limits_{n=1}^{\infty}\frac{3^n}{n2^n}$ 发散.

解法 2：用比值判别法 $\lim\limits_{n\to\infty}\frac{u_{n+1}}{u_n}=\lim\limits_{n\to\infty}\frac{\frac{3^{n+1}}{(n+1)2^{n+1}}}{\frac{3^n}{n2^n}}=\lim\limits_{n\to\infty}\frac{3}{2}\frac{n}{(n+1)}=\frac{3}{2}>1$，故级数 $\sum\limits_{n=1}^{\infty}\frac{3^n}{n2^n}$ 发散.

(2) 用比值判别法 $\lim\limits_{n\to\infty}\frac{u_{n+1}}{u_n}=\lim\limits_{n\to\infty}\frac{\frac{(n+1)^{n+1}}{(n+1)!}}{\frac{n^n}{n!}}=\lim\limits_{n\to\infty}\left(1+\frac{1}{n}\right)^n=\mathrm{e}>1$，故 $\sum\limits_{n=1}^{\infty}\frac{n^n}{n!}$ 发散.

例 2　问级数 $\sum\limits_{n=1}^{\infty}(-1)^n\frac{c+n}{n^2}$ 是收敛还是发散？若收敛，是绝对收敛还是条件收敛？

分析：将级数分拆成两个级数，通过莱布尼兹定理判别交错级数的敛散性. 通过正项级数比较审敛法可判别 $\sum\limits_{n=1}^{\infty}\left|(-1)^n\frac{c+n}{n^2}\right|$ 发散.

解：由莱布尼兹判别法可知 $\sum\limits_{n=1}^{\infty}(-1)^n\frac{c}{n^2}$ 与 $\sum\limits_{n=1}^{\infty}(-1)^n\frac{1}{n}$ 均收敛，从而原级数收敛. 另一方面，$\left|(-1)^n\frac{c+n}{n^2}\right|=\frac{c+n}{n^2}\geqslant\frac{n}{n^2}=\frac{1}{n}$，而 $\sum\limits_{n=1}^{\infty}\frac{1}{n}$ 发散，故由比较判别法可知 $\sum\limits_{n=1}^{\infty}\left|(-1)^n\frac{c+n}{n^2}\right|$ 发散，从而原级数是条件收敛.

例 3　$u_{n+1}=(-1)^n\ln(1+\frac{1}{\sqrt{n+1}})$，则下列选项正确的是（　　）.

A. $\sum\limits_{n=1}^{\infty}u_n\sum\limits_{n=1}^{\infty}u_n^2$ 均收敛　　B. $\sum\limits_{n=1}^{\infty}u_n\sum\limits_{n=1}^{\infty}u_n^2$ 均发散

C. $\sum_{n=1}^{\infty} u_n$ 收敛 $\sum_{n=1}^{\infty} u_n^2$ 发散　　　　D. $\sum_{n=1}^{\infty} u_n$ 发散 $\sum_{n=1}^{\infty} u_n^2$ 收敛

分析：通过莱布尼兹定理判别交错级数 $\sum_{n=1}^{\infty} u_n$ 的敛散性，通过正项级数比较审敛法判别法判别级数 $\sum_{n=1}^{\infty} u_n^2$ 发散.

解：$\because \lim_{n\to\infty} |u_n| = 0$，且由 $\ln(1+x)$ 单调性知 $u_{n+1} = \ln(1+\frac{1}{\sqrt{n+1}}) < \ln(1+\frac{1}{\sqrt{n}}) = u_n$

由交错级数审敛法知 $\sum_{n=1}^{\infty} u_n$ 收敛.

由 $\lim_{n\to\infty} \frac{\left[\ln\left(1+\frac{1}{\sqrt{n}}\right)\right]^2}{\frac{1}{n}} = 1$ 知 $\sum_{n=1}^{\infty} u_n^2$ 发散.

例 4　设 $a_n > 0(n=1,2,3,\cdots)$，$\sum_{n=1}^{\infty} a_n$ 收敛，$\lambda \in \left(0, \frac{\pi}{2}\right)$，判断级数 $\sum_{n=1}^{\infty} (-1)^n (n\tan\frac{\lambda}{n}) a_{2n}$ 的收敛性.

分析：利用 $\sum_{n=1}^{\infty} a_{2n}$ 收敛，使用比值判别法判别 $\sum_{n=1}^{\infty} (-1)^n (n\tan\frac{\lambda}{n}) a_{2n}$ 绝对收敛.

解：记 $\sum_{n=1}^{\infty} (-1)^n (n\tan\frac{\lambda}{n}) a_{2n} = \sum_{n=1}^{\infty} u_n$　$\because a_n > 0$ 且 $\sum_{n=1}^{\infty} a_n$ 收敛　$\therefore \sum_{n=1}^{\infty} a_{2n}$ 收敛.

又 $\because \lim_{n\to\infty} \frac{|u_n|}{a_{2n}} = \lim_{n\to\infty} n\tan\frac{\lambda}{n} = \lambda \lim_{n\to\infty} \frac{\tan\frac{\lambda}{n}}{\frac{\lambda}{n}} = \lambda$，$\therefore \sum_{n=1}^{\infty} |u_n|$ 与 $\sum_{n=1}^{\infty} a_{2n}$ 敛散性相同，故原级数绝对收敛.

A 类题

1. 判定下列级数的敛散性：

(1) $\sum_{n=1}^{\infty} \frac{1}{2n+3}$；　　　　(2) $\sum_{n=1}^{\infty} \frac{\cos^2 n}{n(n+1)}$；

(3) $\sum\limits_{n=1}^{\infty} \dfrac{1+n}{1+n^2}$；

(4) $\sum\limits_{n=1}^{\infty} n\left(\dfrac{1}{2}\right)^{n-1}$；

(5) $\sum\limits_{n=1}^{\infty} \dfrac{(n!)^2}{(2n)!}$；

(6) $\dfrac{2}{1\cdot 2}+\dfrac{2^2}{2\cdot 3}+\dfrac{2^3}{3\cdot 4}+\dfrac{2^4}{4\cdot 5}+\cdots$；

(7) $\sum\limits_{n=1}^{\infty} \dfrac{3^n}{1+e^n}$；

(8) $\sum\limits_{n=1}^{\infty} \dfrac{n^2}{\left(n+\dfrac{1}{n}\right)^n}$；

(9) $\sum\limits_{n=1}^{\infty} (-1)^{n-1}\dfrac{n+1}{3n-2}$；

(10) $\sum\limits_{n=1}^{\infty} (-1)^{n-1}\dfrac{1}{\sqrt{n}}$.

B 类题

1. 判断下列级数的敛散性；如果收敛，指出是绝对收敛还是条件收敛：

(1) $\sum\limits_{n=1}^{\infty} \dfrac{\sin^3 n}{n^2}$；

(2) $\sum\limits_{n=1}^{\infty} (-1)^{n-1}\dfrac{1}{n\cdot 5^n}$；

(3) $\sum\limits_{n=2}^{\infty}(-1)^n\frac{1}{\ln n}$;　　　　(4) $\sum\limits_{n=1}^{\infty}(-1)^{n-1}\left(1+\frac{1}{2}+\cdots+\frac{1}{n}\right)$.

2. 设正项级数 $\sum\limits_{n=1}^{\infty}u_n$ 收敛,证明:$\sum\limits_{n=1}^{\infty}\frac{u_n}{1+u_n}$ 收敛.

3. 判定级数 $\sum\limits_{n=2}^{\infty}(-1)^{n-1}\frac{1}{n^p}$ 是否收敛,如果收敛,是绝对收敛还是条件收敛?

C类题

1. 已知 $\sum\limits_{n=1}^{\infty}a_n$ 及 $\sum\limits_{n=1}^{\infty}c_n$ 都收敛,且 $a_n \leqslant b_n \leqslant c_n (n=1,2,\cdots)$,证明:$\sum\limits_{n=1}^{\infty}b_n$ 收敛.

2. 设 $a_n>0, b_n>0, \frac{a_{n+1}}{a_n} \leqslant \frac{b_{n+1}}{b_n} (n=1,2,\cdots)$,且级数 $\sum\limits_{n=1}^{\infty}b_n$ 收敛,要证级数 $\sum\limits_{n=1}^{\infty}a_n$ 收敛,有人作出证明如下:因为 $\sum\limits_{n=1}^{\infty}b_n$ 收敛,所以 $\frac{b_{n+1}}{b_n}<1$,从而 $\lim\limits_{n\to\infty}\frac{a_{n+1}}{a_n}<1$,由比值判别法知,正项级数 $\sum\limits_{n=1}^{\infty}a_n$ 收敛,上述证明对吗?如不对,给出正确证法.

第三节　幂级数

本节要求读者掌握利用阿贝尔定理求幂级数收敛半径的方法,熟练应用幂级数的运算性质求幂级数的和函数.

1. 利用阿贝尔定理求幂级数的收敛区间;
2. 利用幂级数逐项积分和逐项求导公式求幂级数的和函数;
3. 幂级数在收敛域上具有连续性.

例 1　设 $I_n=\int_0^{\frac{\pi}{4}}\sin^n x\cos x\mathrm{d}x, n=0,1,2,\cdots$,则 $\sum\limits_{n=0}^{\infty}I_n=$________________.

分析:首先利用定积分分部积分公式求出 I_n,其次将求数项级数的和转化为求幂级数的和函数,最后利用幂级数逐项求导和逐项求积分的性质求出幂级数的和函数,从而得到所求数项级数的和.

解:$I_n=\int_0^{\frac{\pi}{4}}\sin^n x\cos x\mathrm{dx}=\int_0^{\frac{\pi}{4}}\sin^n x\mathrm{d}\sin x=\dfrac{1}{n+1}\cdot\left(\dfrac{\sqrt{2}}{2}\right)^{n+1}$,

令 $S(x)=\sum\limits_{n=0}^{\infty}\dfrac{x^{n+1}}{n+1}=\sum\limits_{n=0}^{\infty}\int_0^x x^n\mathrm{d}x=\int_0^x(\sum\limits_{n=0}^{\infty}x^n)\mathrm{d}x=\int_0^x\dfrac{1}{1-x}dx=-\ln|1-x|$,$|x|<1$

当 $x=\dfrac{\sqrt{2}}{2}$ 时,$\sum\limits_{n=0}^{\infty}I_n=-\ln\left|1-\dfrac{\sqrt{2}}{2}\right|$,所以应填 $-\ln\left|1-\dfrac{\sqrt{2}}{2}\right|$.

例 2　设幂级数 $\sum\limits_{n=1}^{\infty}a_n(x+1)^n$ 在 $x=3$ 处条件收敛,则该幂级数的收敛半径 $R=$________________.

分析:由阿贝尔定理可知,如果幂级数在开区间上收敛,那一定是绝对收敛,因此幂级数在 $x=3$ 处条件收敛,那该点一定是该幂级数的收敛区间和发散区间的分界点.

解:由于 $\sum\limits_{n=1}^{\infty}a_n(x+1)^n$ 在 $x=3$ 处条件收敛,所以 $\sum\limits_{n=1}^{\infty}a_n4^n$ 收敛,且 $\sum\limits_{n=1}^{\infty}|a_n4^n|$ 发散,由阿贝尔定理可知收敛半径为 $R=4$.

例 3　求下列幂级数的和函数:

(1) $\sum\limits_{n=1}^{\infty}(2n-1)x^n$;　　　　(2) $\sum\limits_{n=0}^{\infty}\dfrac{(2n+1)x^{2n}}{n!}$.

分析:首先求出幂级数的收敛域,然后利用幂级数逐项求导和逐项求积分的性质,将所求幂级数转化为已知和函数的幂级数.

解: (1) $\rho=\lim\limits_{n\to\infty}\left|\dfrac{a_{n+1}}{a_n}\right|=\lim\limits_{n\to\infty}\dfrac{2n+1}{2n-1}=1\Rightarrow R=\dfrac{1}{\rho}=1$

当 $x=\pm1$ 时,原级数$=\sum\limits_{n=1}^{\infty}(2n-1)(\pm1)^n$ 发散,故收敛域为$(-1,1)$.

$$\begin{aligned}\sum_{n=1}^{\infty}(2n-1)x^n&=\sum_{n=1}^{\infty}(2n+2)x^n-3\sum_{n=1}^{\infty}x^n\\&=2\Big[\sum_{n=1}^{\infty}(n+1)\int_0^x x^n\mathrm{d}x\Big]'-3\,\frac{x}{1-x}\\&=2[\sum_{n=1}^{\infty}x^{n+1}]'-\frac{3x}{1-x}=\Big(\frac{2x^2}{1-x}\Big)'-\frac{3x}{1-x}\\&=\frac{4x(1-x)+2x^2}{(1-x)^2}-\frac{3x}{1-x}\\&=\frac{4x-2x^2}{(1-x)^2}-\frac{3x(1-x)}{(1-x)^2}\\&=\frac{x+4x^2}{(1-x)^2}.\end{aligned}$$

(2) 记 $f(x)=\sum\limits_{n=0}^{\infty}\dfrac{(2n+1)x^{2n}}{n!}\quad x\in R^1$

$$\int_0^x f(t)\mathrm{d}t=\sum_{n=0}^{\infty}\frac{x^{2n+1}}{n!}=x\sum_{n=0}^{\infty}\frac{x^{2n}}{n!}=x\mathrm{e}^{x^2},\text{故 } f(x)=\mathrm{e}^{x^2}+2x^2\mathrm{e}^{x^2}$$

例 4 求级数 $\sum\limits_{n=0}^{\infty}(-1)^n\dfrac{1}{2^n}(n^2-n+1)$ 的和.

分析: 将所求数项级数分拆为 $\sum\limits_{n=0}^{\infty}(-1)^n\dfrac{1}{2^n}n(n-1)$ 和$\sum\limits_{n=0}^{\infty}(-\dfrac{1}{2})^n$. 为求$\sum\limits_{n=0}^{\infty}(-1)^n$ $\dfrac{1}{2^n}n(n-1)$ 的和可将其转化为求$\sum\limits_{n=0}^{\infty}(-1)^n n(n-1)x^{n-2}$ 的和函数在 $x=\dfrac{1}{2}$ 的值.

解: $A=\sum\limits_{n=0}^{\infty}(-1)^n\dfrac{1}{2^n}(n^2-n+1)=\sum\limits_{n=0}^{\infty}(-1)^n\dfrac{1}{2^n}n(n-1)+\sum\limits_{n=0}^{\infty}\Big(-\dfrac{1}{2}\Big)^n$.

由于第二个级数是等比级数,于是有

$$\sum_{n=0}^{\infty}(-\frac{1}{2})^n=\frac{1}{1-(-\frac{1}{2})}=\frac{2}{3}.$$

为求第一个级数,考察级数 $S(x)=\sum\limits_{n=0}^{\infty}(-1)^n n(n-1)x^{n-2}$,由于

$$\begin{aligned}S(x)&=\sum_{n=0}^{\infty}(-1)^n n(n-1)x^{n-2}=\Big[\sum_{n=0}^{\infty}(-1)^n x^n\Big]''\\&=(\frac{1}{1+x})''=\frac{2}{(1+x)^3},\ x\in(-1,1),\text{可得}\end{aligned}$$

$$\sum_{n=0}^{\infty}(-1)^n\frac{1}{2^n}n(n-1)=\frac{1}{2^2}S\left(\frac{1}{2}\right)=\frac{1}{4}\frac{2}{\left(1+\frac{1}{2}\right)^3}=\frac{4}{27}.$$

因此原级数的和 $A=\frac{4}{27}+\frac{2}{3}=\frac{22}{27}$.

A 类题

1. 选择题：

(1) 如果幂级数 $\sum_{n=1}^{\infty}a_n(x-1)^n$ 的收敛半径是 1，则级数在以下哪个区间内必定收敛(　　).

A. (0,1)　　B. (0,2)　　C. (−1,1)　　D. (−2,2)

(2) 设级数 $\sum_{n=1}^{\infty}b_n(x-2)^n$ 在 $x=-2$ 处收敛，则该级数在 $x=4$ 处(　　).

A. 绝对收敛　　B. 发散　　C. 条件收敛　　D. 不能确定

(3) 设级数 $\sum_{n=1}^{\infty}a_n(x+3)^n$ 在 $x=-1$ 处是收敛的，则此级数在 $x=1$ 处(　　).

A. 绝对收敛　　B. 发散　　C. 条件收敛　　D. 不能确定

(4) 若级数 $\sum_{n=1}^{\infty}a_n(x-3)^n$ 在 $x=-1$ 处条件收敛，则该级数收敛半径为(　　).

A. 3　　B. 1　　C. 4　　D. 不能确定

2. 求下列幂级数的收敛区间：

(1) $\sum_{n=1}^{\infty}(-1)^n\frac{x^n}{n}$；

(2) $\sum_{n=1}^{\infty}\frac{x^n}{n\cdot 3^n}$；

(3) $\sum_{n=1}^{\infty}n\cdot 4^{n+1}x^n$；

(4) $\sum_{n=1}^{\infty}\frac{1}{n^n}x^n$；

(5) $\sum\limits_{n=1}^{\infty}\dfrac{(x-2)^n}{n^2}$;　　　　(6) $\sum\limits_{n=1}^{\infty}(-1)^n\dfrac{x^{2n+1}}{2n+1}$.

B 类题

1. 利用逐项求导或逐项积分,求下列级数在收敛区间内的和函数:

(1) $\sum\limits_{n=1}^{\infty}nx^{n-1}$;

(2) $\sum\limits_{n=1}^{\infty}\dfrac{x^{4n+1}}{4n+1}$;

(3) $\sum\limits_{n=0}^{\infty}(2^{n+1}-1)x^n$;

(4) $\sum\limits_{n=0}^{\infty}(n+1)^2x^n$.

2. 求 $\sum\limits_{n=1}^{\infty}\dfrac{n^2+1}{n}x^n$ $(|x|<1)$ 的和函数,并求 $\sum\limits_{n=1}^{\infty}\dfrac{n^2+1}{n2^n}$ 的和.

3. 证明：$\sum_{n=1}^{\infty}\frac{1}{n2^n}=\ln 2$.

C类题

求幂级数 $\sum_{n=0}^{\infty}\frac{4n^2+4n+3}{2n+1}x^{2n}$ 的收敛域及和函数.

第四节　函数展开成幂级数

本节要求读者理解和记忆指数函数、正弦函数、余弦函数、幂函数和对数函数的幂级数展开式，并掌握利用泰勒级数直接或间接地将函数展开成幂级数的方法.

1. 函数能展开成泰勒级数的充要条件；
2. 指数函数、正弦函数、余弦函数、幂函数和对数函数的麦克劳林展开式；
3. 利用泰勒级数直接或间接地将函数展开成幂级数.

例 1　利用函数的幂级数展开式，求下列函数的高阶导数：

(1) $y=\frac{x}{1+x^2}$ 在 $x=0$ 的七阶导数；

(2) $y=x^6e^x$ 在 $x=0$ 的十阶导数.

分析：利用泰勒级数，对函数按直接展开法和间接展开法两种方式进行展开，比较相同项的系数，得到函数的高阶导数在零点的值.

解：(1) $f(x)=\frac{x}{1+x^2}=x[1+(-x^2)+(-x^2)^2+(-x^2)^3+(-x^2)^4+\cdots]$

$$=x-x^3+x^5-x^7+x^9-\cdots$$

又由函数的麦克劳林级数

$$f(x)=f(0)+f'(0)x+\frac{f'(0)}{2!}x^2+\cdots+\frac{f^{(7)}(0)}{7!}x^7+\cdots$$

可知 $f^{(7)}(0)=-7!$.

(2) $f(x)=x^6e^x=x^6\left(1+x+\frac{x^2}{2!}+\frac{x^3}{3!}+\frac{x^4}{4!}+\cdots\right)$,

又由函数的麦克劳林级数

$$f(x)=f(0)+f'(0)x+\frac{f'(0)}{2!}x^2+\cdots+\frac{f^{(10)}(0)}{10!}x^{10}+\cdots$$

可知 $f^{(10)}(0)=\frac{10!}{4!}=10\cdot 9\cdot 8\cdot 7\cdot 6\cdot 5$

例 2 将函数 $f(x)=\frac{1}{4}\ln\left(\frac{1+x}{1-x}\right)+\frac{1}{2}\arctan x-x$ 展开成 x 的幂级数.

分析: 利用幂级数的逐项求导和逐项求积分的性质,求出函数的幂级数.

解: $f(x)=\frac{1}{4}\ln(1+x)-\frac{1}{4}\ln(1-x)+\frac{1}{2}\arctan x-x$,则有

$$\begin{aligned} f'(x)&=\frac{1}{4}\frac{1}{1+x}+\frac{1}{4}\frac{1}{1-x}+\frac{1}{2}\frac{1}{1+x^2}-1\\ &=\frac{1}{2}\frac{1}{1-x^2}+\frac{1}{2}\frac{1}{1+x^2}-1=\frac{1}{1-x^4}-1\\ &=\sum_{n=0}^{\infty}x^{4n}-1=\sum_{n=1}^{\infty}x^{4n}(|x|<1)\end{aligned}$$

积分得 $f(x)=f(0)+\int_0^x f'(x)\mathrm{d}x=\sum\limits_{n=1}^{\infty}\int_0^x t^{4n}\mathrm{d}t=\sum\limits_{n=1}^{\infty}\frac{x^{4n+1}}{4n+1}(|x|<1)$.

例 3 设 $f(x)=\begin{cases}\frac{1+x^2}{x}\arctan x, & x\neq 0\\ 1, & x=0\end{cases}$ 试将 $f(x)$ 展开成 x 的幂级数,并求级数 $\sum\limits_{n=1}^{\infty}\frac{(-1)^n}{1-4n^2}$ 的和.

分析: 利用幂级数的逐项求导和逐项求积分的性质,求出函数的幂级数.

解: $\because (\arctan x)'=\frac{1}{1+x^2}=\sum\limits_{n=0}^{\infty}(-1)^n x^{2n},|x|<1$,

$$\therefore \arctan x=\int_0^x(\arctan t)'\mathrm{d}t=\sum_{n=0}^{\infty}(-1)^n\int_0^x t^{2n}\mathrm{d}t=\sum_{n=0}^{\infty}\frac{(-1)^n}{2n+1}x^{2n+1}\ x\in[-1,1].$$

于是当 $x\in[-1,1]$ 且 $x\neq 0$ 时

$$\begin{aligned}\frac{1+x^2}{x}\arctan x&=(1+x^2)\sum_{n=0}^{\infty}\frac{(-1)^n}{2n+1}x^{2n}\\ &=\sum_{n=0}^{\infty}\frac{(-1)^n}{2n+1}x^{2n}+\sum_{n=0}^{\infty}\frac{(-1)^n x^{2n+2}}{2n+1}\end{aligned}$$

$$= \sum_{n=0}^{\infty} \frac{(-1)^n}{2n+1}x^{2n} + \sum_{n=1}^{\infty} \frac{(-1)^{n-1}}{2n-1}x^{2n}$$

$$= 1 + \sum_{n=1}^{\infty} (-1)^n[\frac{1}{2n+1} - \frac{1}{2n-1}]x^{2n}$$

$$= 1 + \sum_{n=1}^{\infty} \frac{(-1)^n 2}{1-4n^2}x^{2n}, x \in [-1,1], x \neq 0.$$

当 $x=0$ 时上式取值为 1，于是

$$f(x) = 1 + \sum_{n=1}^{\infty} \frac{(-1)^n 2}{1-4n^2}x^{2n}, x \in [-1,1].$$

令 $x=1$，得 $f(1) = 1 + \sum_{n=1}^{\infty} \frac{(-1)^n 2}{1-4n^2}$，

从而有 $\sum_{n=1}^{\infty} \frac{(-1)^n}{1-4n^2} = \frac{1}{2}[f(1)-1] = \frac{1}{2}[2 \times \frac{\pi}{4} - 1] = \frac{\pi}{4} - \frac{1}{2}.$

A 类题

1. 将下列函数展开成 x 的幂级数，并指出展开式成立的区间：

(1) e^{-x^2}；

(2) xe^{-x}；

(3) $\sin^2 x$；

(4) $\frac{3x}{2+x^2}$；

(5) $\ln(1+x-2x^2)$；

(6) $\ln\frac{1+x}{1-x}$；

(7) $\ln(2+x)$；

(8) $\int_0^x \frac{\sin t}{t}dt$.

2. 将函数 $y=\frac{1}{x}$展开成 $x-3$ 的幂级数,并指明展开式成立的区间.

3. 试将函数 $f(x)=\frac{x}{x^2-2x-3}$展开成 $x+4$ 的幂级数.

B 类题

1. 将下列函数在指定点处展开为幂级数:

(1) $f(x)=\frac{1}{x^2+3x+2}$,在 $x=1$ 处;

(2) $f(x)=\frac{1}{(x+2)^2}$,在 $x=-1$ 处;

(3) $f(x)=\cos x$,在 $x=-\frac{\pi}{3}$处.

2. 将下列函数展开成 x 的幂级数：

(1) $f(x)=\dfrac{1+x}{(1-x)^3}$；

(2) $f(x)=\arctan\dfrac{1+x}{1-x}$.

3. 展开 $\dfrac{\mathrm{d}}{\mathrm{d}x}\left(\dfrac{\mathrm{e}^x-1}{x}\right)$ 为 x 的幂级数，并证明 $\sum\limits_{n=1}^{\infty}\dfrac{n}{(n+1)!}=1$.

第五节　傅里叶级数

本节要求读者理解周期 2π 的函数 $f(x)$ 能展开成傅里叶级数的狄利克雷充分条件，掌握其级数中傅里叶系数的计算方法.

1. 狄利克雷充分条件；
2. 周期 2π 的函数与傅里叶展开式之间的关系；
3. 函数的傅里叶展开式中系数的计算；
4. 奇函数的正弦级数表示和偶函数的余弦级数表示.

例 1　周期为 2π 的函数 $f(x)$，它在一个周期的表达式为：

$$f(x)=\begin{cases}x+1, & -\pi\leqslant x<0,\\ x^2, & 0\leqslant x<\pi,\end{cases}$$

设它的傅里叶级数的和函数为 $S(x)$，则 $S(-\pi)=$________；$S(0)=$________；$S(\pi)=$________.

分析：利用狄利克雷充分条件：在 $f(x)$ 的连续点处，$f(x)$ 的傅里叶级数的和函数等于 $f(x)$；在 $f(x)$ 的间断点处，$f(x)$ 的傅里叶级数的和函数等于 $\dfrac{f(x^-)+f(x^+)}{2}$.

解：由傅里叶级数的收敛定理即知.

(1) $S(-\pi)=\dfrac{f(-\pi^-)+f(-\pi^+)}{2}=\dfrac{1-\pi+\pi^2}{2}$

(2) $S(0)=\dfrac{f(0^-)+f(0^+)}{2}=\dfrac{1+0}{2}=\dfrac{1}{2}$

(3) $S(\pi)=S(-\pi)=\dfrac{1-\pi+\pi^2}{2}$

例 2 在指定区间内把下列函数展开为傅里叶级数：

$f(x)=x$，(1) $-\pi<x<\pi$； (2) $0<x<2\pi$.

分析：将函数进行延拓成周期为 2π 的周期函数，求出周期函数的傅里叶级数，最后限定在对应区间.

解：(a) 将 $f(x)=x$，$-\pi<x<\pi$ 作周期延拓.

由傅里叶系数公式得

$$a_0=\frac{1}{\pi}\int_{-\pi}^{\pi}f(x)\mathrm{d}x=\frac{1}{\pi}\int_{-\pi}^{\pi}x\mathrm{d}x=0$$

当 $n\geqslant 1$ 时，

$$\begin{aligned}a_n&=\frac{1}{\pi}\int_{-\pi}^{\pi}x\cos nx\,\mathrm{d}x=\frac{1}{n\pi}\int_{-\pi}^{\pi}x\mathrm{d}(\sin nx)\\&=\frac{1}{n\pi}x\sin nx\Big|_{-\pi}^{\pi}-\frac{1}{n\pi}\int_{-\pi}^{\pi}\sin nx\,\mathrm{d}x=0,\\b_n&=\frac{1}{\pi}\int_{-\pi}^{\pi}x\sin nx\,\mathrm{d}x=\frac{-1}{n\pi}\int_{-\pi}^{\pi}x\mathrm{d}(\cos nx)\\&=\frac{-1}{n\pi}x\cos nx\Big|_{-\pi}^{\pi}+\frac{1}{n\pi}\int_{-\pi}^{\pi}\cos nx\,\mathrm{d}x=(-1)^{n+1}\frac{2}{n},\end{aligned}$$

所以 $f(x)=2\sum\limits_{n=1}^{\infty}(-1)^{n+1}\dfrac{\sin nx}{n}$，$x\in(-\pi,\pi)$.

(b) $f(x)=x$，$0<x<2\pi$，作周期延拓.

其按段光滑，故可展开为傅里叶级数.

由系数公式得

$$a_0=\frac{1}{\pi}\int_{0}^{2\pi}f(x)\mathrm{d}x=\frac{1}{\pi}\int_{0}^{2\pi}x\mathrm{d}x=2\pi.$$

当 $n\geqslant 1$ 时，

$$\begin{aligned}a_n&=\frac{1}{\pi}\int_{0}^{2\pi}x\cos nx\,\mathrm{d}x=\frac{1}{n\pi}\int_{0}^{2\pi}x\mathrm{d}(\sin nx)\\&=\frac{1}{n\pi}x\sin nx\Big|_{0}^{2\pi}-\frac{1}{n\pi}\int_{0}^{2\pi}\sin nx\,\mathrm{d}x=0,\end{aligned}$$

$$b_n = \frac{1}{\pi}\int_0^{2\pi} x\sin nx\,dx = \frac{-1}{n\pi}\int_0^{2\pi} x\,d(\cos nx)$$

$$= \frac{-1}{n\pi}x\cos nx\Big|_0^{2\pi} + \frac{1}{n\pi}\int_0^{2\pi}\cos nx\,dx = \frac{-2}{n},$$

所以 $f(x) = \pi - 2\sum_{n=1}^{\infty}\frac{\sin nx}{n}, x \in (0,2\pi)$.

例 3　设 $f(x)$是以 2π 为周期的奇函数，且 $f(\pi - x) = f(x)$，证明：$f(x)$的傅里叶系数满足 $a_0 = 0, a_n = 0, b_{2n} = 0$，$(n=1,2,\cdots)$.

分析：利用定积分换元法求傅里叶级数的系数.

解：$\because$ $f(x)$是奇函数，则 $a_n = 0(n=0,1,2,\cdots)$

而 $b_{2n} = \dfrac{2}{\pi}\left[\int_0^{\frac{\pi}{2}} f(x)\sin 2nx\,dx + \int_{\frac{\pi}{2}}^{\pi} f(x)\sin 2nx\,dx\right]$

在第二项中，

$$\int_{\frac{\pi}{2}}^{\pi} f(x)\sin 2nx\,dx \xlongequal{令 x = \pi - t} -\int_{\frac{\pi}{2}}^{0} f(\pi - t)\sin 2n(\pi - t)\,dt$$

$$= \int_0^{\frac{\pi}{2}}[-f(\pi - t)\sin 2nt]\,dt = -\int_0^{\frac{\pi}{2}} f(x)\sin 2nx\,dx$$

$\therefore$ $b_{2n} = 0$，$(n=1,2,\cdots)$.

A 类题

1. 填空题：

(1) 已知 $f(x) = \begin{cases} \frac{\pi}{4}, -\pi \leqslant x < 0, \\ 0, x = 0, \\ -\frac{\pi}{2}, 0 < x < \pi, \end{cases}$ 其傅里叶级数的和函数为 $S(x)$，则 $S(-\frac{\pi}{2}) =$ ________，$S(\frac{\pi}{2}) =$ ________，$S(0) =$ ________，$S(-\pi) =$ ________，$S(\pi) =$ ________.

(2) 已知 $f(x)$的傅里叶系数为 a_n、b_n，若 $g(x) = f(-x)$，则 $g(x)$的傅里叶系数 $A_n =$ __________，$B_n =$ __________.

(3) 已知 $f(x)$的傅里叶系数为 a_n、b_n，若 $g(x) = -f(-x)$，则 $g(x)$的傅里叶系数 $A_n =$ __________，$B_n =$ __________.

(4) 设 $x^2 = \sum_{n=0}^{\infty} a_n\cos nx(-\pi \leqslant x \leqslant \pi)$，则 $a_2 =$ __________.

(5) 设 $f(x) = \pi x + x^2(-\pi < x < \pi)$ 的傅里叶级数展开为 $\frac{a_0}{2} + \sum_{n=1}^{\infty}(a_n\cos nx + b_n\sin nx)$，则 $b_3 =$ __________.

(6) 设 $f(x)=\begin{cases}0, 0\leqslant x<\dfrac{\pi}{2},\\ x, \dfrac{\pi}{2}\leqslant x<\pi,\end{cases}$ 已知 $S(x)$ 是其以 2π 为周期的余弦级数展开式的和函数,则 $S(-3\pi)=$ ________________.

(7) 设 $f(x)=x\sin x(0\leqslant x\leqslant\pi)$,已知 $S(x)$ 是其以 2π 为周期的正弦级数展开式和函数,则在 $(\pi,2\pi)$ 内,$S(x)=$ ________________.

2. 将函数 $f(x)=\sin^4 x$ 展开成傅里叶级数.

3. 将函数 $f(x)=|x|\quad(-\pi\leqslant x<\pi)$ 展开成傅里叶级数.

4. 在 $(0,\pi)$ 内把函数 $f(x)=\pi-x$ 展开成以 2π 为周期的正弦级数.

B类题

1. 函数 $f(x)=x^2(-\pi\leqslant x<\pi)$ 以 2π 为周期,求 $f(x)$ 的傅里叶级数,并求级数 $\sum\limits_{n=1}^{\infty}\dfrac{(-1)^{n-1}}{n^2}$ 的和.

2. 证明：$\sum_{n=1}^{\infty}\frac{\cos 2nx}{(2n-1)(2n+1)}=\frac{1}{2}-\frac{\pi}{4}\sin x,0\leqslant x\leqslant\pi$.

3. 证明：$\sum_{n=1}^{\infty}\frac{\cos nx}{n^2}=\frac{1}{12}(3x^2-6\pi x+2\pi^2),0\leqslant x\leqslant\pi$.

4. 设 $f(x)$可积，其在$(-\pi,\pi)$内的傅里叶展开式为$\frac{a_0}{2}+\sum_{n=1}^{\infty}(a_n\cos nx+b_n\sin nx)$，证明：

(1) 若 $f(x+\pi)=-f(x)$，则有 $a_{2n}=b_{2n}=0$；

(2) 若 $f(x+\pi)=f(x)$，则有 $a_{2n-1}=b_{2n-1}=0$.

第六节　一般周期函数的傅里叶级数

本节要求读者理解一般周期为 $2l$ 的函数 $f(x)$能展开成傅里叶级数收敛条件，掌握其级数中傅里叶系数的计算方法.

1. 一般周期函数与其傅里叶展开式之间的关系；
2. 函数与傅里叶展开式中系数的计算；
3. 奇函数的正弦级数表示和偶函数的余弦级数表示.

例 1 将函数 $f(x)=\begin{cases}0, & -2\leqslant x\leqslant 0\\ P & 0<x\leqslant 2\end{cases}$ (P 是常数)展开成傅里叶级数,并求级数 $\sum\limits_{n=1}^{\infty}\dfrac{(-1)^{n-1}}{2n-1}$ 的和.

分析: 根据狄利克雷定理求出函数 $f(x)$ 的傅里叶级数,并观察所得傅里叶级数与所求数项级数的关系.

解: $a_0=\dfrac{1}{2}\int_{-2}^{2}f(x)\mathrm{d}x=\dfrac{1}{2}\int_{0}^{2}P\mathrm{d}x=P$

$$a_n=\frac{1}{2}\int_0^2 P\cos\frac{n\pi}{2}x\mathrm{d}x=\frac{P}{n\pi}\sin\frac{n\pi}{2}x\Big|_0^2=0, n=1,2,\cdots$$

$$b_n=\frac{1}{2}\int_0^2 P\sin\frac{n\pi}{2}x\mathrm{d}x=-\frac{P}{n\pi}\cos\frac{n\pi}{2}x\Big|_0^2$$

$$=\frac{P}{n\pi}(1-(-1)^n)=\begin{cases}\dfrac{2P}{n\pi}, & n\text{ 为奇数},\\ 0, & n\text{ 为偶数},\end{cases}$$

∴ 当 $x\in(-2,0)\cup(0,2)$ 时,$f(x)$ 连续,则

$$f(x)=\frac{P}{2}+\frac{2P}{\pi}\sum_{n=1}^{\infty}\frac{1}{2n-1}\sin\frac{(2n-1)\pi}{2}x$$

当 $x=0,\pm2$ 时,级数收敛于 $\dfrac{P}{2}$.

令 $x=1$ 得: $f(1)=\dfrac{P}{2}+\dfrac{2P}{\pi}\sum\limits_{n=1}^{\infty}\dfrac{(-1)^{n-1}}{2n-1}=P$

∴ $\sum\limits_{n=1}^{\infty}\dfrac{(-1)^{n-1}}{2n-1}=\dfrac{\pi}{4}$.

例 2 求函数 $f(x)=\begin{cases}x, & 0\leqslant x\leqslant 1,\\ 1, & 1<x<2,\\ 3-x, & 2\leqslant x\leqslant 3,\end{cases}$ 的余弦级数并讨论其收敛性.

分析: 将函数先进行偶延拓再作周期延拓得周期为 $2l=6$ 的周期函数,最后求出周期函数的傅里叶级数,将其限定在对应区间.

解: 对函数 $f(x)$,$x\in(0,3)$ 作偶延拓,再作周期延拓得周期为 $2l=6$ 的周期函数.由于 $f(x)$ 按段光滑,所以可展开为傅里叶级数.

因 $l=3$,所以由系数公式得

$$a_0=\frac{2}{3}\int_0^3 f(x)\mathrm{d}x=\frac{2}{3}\int_0^1 x\mathrm{d}x+\frac{2}{3}\int_1^2\mathrm{d}x+\frac{2}{3}\int_2^3(3-x)\mathrm{d}x=\frac{4}{3}.$$

当 $n\geqslant1$ 时,

$$a_n=\frac{2}{3}\int_0^1 x\cos\frac{2n\pi x}{3}\mathrm{d}x+\frac{2}{3}\int_1^2\cos\frac{2n\pi x}{3}\mathrm{d}x+\frac{2}{3}\int_2^3(3-x)\cos\frac{2n\pi x}{3}\mathrm{d}x$$

$$=\frac{1}{n\pi}\int_0^1 x\mathrm{d}\left(\sin\frac{2n\pi x}{3}\right)+\frac{1}{n\pi}\sin\frac{2n\pi x}{3}\Big|_1^2+\frac{1}{n\pi}\int_2^3(3-x)\mathrm{d}\left(\sin\frac{2n\pi x}{3}\right)$$

$$= \frac{1}{n\pi}\sin\frac{2n\pi}{3} - \frac{1}{n\pi}\int_0^1 \sin\frac{2n\pi x}{3}dx + \frac{1}{n\pi}\sin\frac{4n\pi}{3}$$

$$-\frac{1}{n\pi}\sin\frac{2n\pi}{3} + \frac{1}{n\pi}(3-x)\sin\frac{2n\pi x}{3}\Big|_2^3 + \frac{1}{n\pi}\int_2^3 \sin\frac{2n\pi x}{3}dx$$

$$= \frac{1}{n\pi}\sin\frac{4n\pi}{3} + \frac{3}{2n^2\pi^2}\cos\frac{2n\pi x}{3}\Big|_0^1 - \frac{1}{n\pi}\sin\frac{4n\pi}{3} - \frac{3}{2n^2\pi^2}\cos\frac{2n\pi x}{3}\Big|_2^3$$

$$= \frac{3}{2n^2\pi^2}\cos\frac{2n\pi}{3} - \frac{3}{2n^2\pi^2} - \frac{3}{2n^2\pi^2}\cos\frac{2n\pi}{3} + \frac{3}{2n^2\pi^2}\cos\frac{4n\pi}{3}$$

$$= \frac{3}{n^2\pi^2}\cos\frac{2n\pi}{3} - \frac{3}{n^2\pi^2}.$$

$$b_n = \frac{1}{l}\int_{-l}^{l} f(x)\sin\frac{n\pi}{l}dx = 0\,.$$

故 $f(x) = \frac{2}{3} + \frac{3}{\pi^2}\sum_{n=1}^{\infty}\left[\frac{-1}{n^2} + \frac{1}{n^2}\cos\frac{2n\pi}{3}\right]\cos\frac{n\pi x}{3}$，$x\in[0,3]$为所求.

A 类题

1. 将函数 $f(x)=2+|x|\,(-1\leqslant x\leqslant 1)$展开成以 2 为周期的傅里叶级数，并由此求级数 $\sum_{n=1}^{\infty}\frac{1}{n^2}$ 的和.

2. 设 $f(x)$的周期为 $T=10$，且当 $-5\leqslant x<5$ 时，$f(x)=x$，将 $f(x)$展开成傅里叶级数.

3. 在$(0,\frac{1}{2})$内把 $f(x)=\cos\pi x$ 展开成以 1 为周期的正弦级数.

4. 将 $f(x)=x-1(0\leqslant x\leqslant 2)$展开成以 4 为周期的余弦级数.

参考答案

第八章　空间解析几何与向量代数

第一节　向量及其线性运算

A 类题

1. (1) 点在 x 轴上；(2)点在 y 轴上；(3)点在 yoz 平面上；(4)点在 xoz 平面上.

2. (1) 关于 xoy 平面对称的点为 $(a,b,-c)$；关于 xoz 平面对称的点为 $(a,-b,c)$；关于 yoz 平面对称的点为 $(-a,b,c)$.

(2)关于 x 轴对称的点为 $(a,-b,-c)$；关于 y 轴对称的点为 $(-a,b,-c)$；关于 z 轴对称的点为 $(-a,-b,c)$.

(3)关于坐标原点对称的点的坐标为 $(-a,-b,-c)$.

3. (1) $(2,-3,1)$；(2) $(-2,-3,-1)$；(3) $(2,3,-1)$.

4. (1) $(2,3,1)$；(2) $(-2,-3,1)$；(3) $(-2,3,-1)$.

5. 到 x 轴的距离 $d_x=\sqrt{(-3)^2+5^2}=\sqrt{34}$；到 y 轴的距离 $d_y=\sqrt{5^2+4^2}=\sqrt{41}$；到 z 轴的距离 $d_z=\sqrt{4^2+3^2}=5$.

6. $z=7$ 或 $z=-5$.　　**7.** 方程表示以 $(1,-2,-1)$ 为心半径为 $\sqrt{6}$ 的球面.

8. $(0,\frac{3}{2},0)$.　　**9.** 略.　　**10.** $(0,1,-2)$.　　**11.** $\gamma=\frac{\pi}{4}$ 或 $\gamma=\frac{3\pi}{4}$.

12. $|\boldsymbol{a}|=\sqrt{3}$，$|\boldsymbol{b}|=\sqrt{38}$，$|\boldsymbol{c}|=3$，$\boldsymbol{a}=\sqrt{3}\boldsymbol{a}^0$，$\boldsymbol{b}=\sqrt{38}\boldsymbol{a}^0$，$\boldsymbol{c}=3\boldsymbol{c}^0$.

13. $\overrightarrow{AB}=(3,1,-2)$；$|\overrightarrow{AB}|=\sqrt{14}$；$\overrightarrow{AB^0}=\frac{1}{\sqrt{14}}(3,1,-2)$.

14. $\overrightarrow{OM}=\left(\frac{11}{4},-\frac{1}{4},3\right)$.　　**15.** $(3\sqrt{3},3,0)$.

16. $|\overrightarrow{M_1M_2}|=2$，$\cos\alpha=-\frac{1}{2}$，$\cos\beta=-\frac{\sqrt{2}}{2}$，$\cos\gamma=\frac{1}{2}$，$\alpha=\frac{2}{3}\pi$，$\beta=\frac{3}{4}\pi$，$\gamma=\frac{\pi}{3}$.

17. $\overrightarrow{OM_1}+\overrightarrow{OM_2}=\{3,4,7\}$；$\overrightarrow{OM_1}-\overrightarrow{OM_2}=\{-1,2,1\}$；$\overrightarrow{M_1M_2}=\{1,-2,-1\}$.

18. $\left(\frac{2}{3}\sqrt{3},\frac{2}{3}\sqrt{3},\frac{2}{3}\sqrt{3}\right)$.

B 类题

1. $B(18,17,-17)$.　　**2.** $\pm\frac{\boldsymbol{a}|\boldsymbol{b}|+|\boldsymbol{a}|\boldsymbol{b}}{|\boldsymbol{a}|\boldsymbol{b}|+|\boldsymbol{a}|\boldsymbol{b}||}$.　　**3.** 略.

第二节　数量积　向量积

A 类题

1. (1) ×；(2) √；(3)×；(4) ×；(5) ×.

2. $|\boldsymbol{a}|=3$；$|\boldsymbol{b}|=3$，$\boldsymbol{a}$ 的方向余弦为 $\cos\alpha=\frac{2}{3}$，$\cos\beta=\frac{2}{3}$，$\cos\gamma=-\frac{1}{3}$；$\boldsymbol{b}$ 的方向余弦为 $\cos\alpha=-\frac{1}{3}$，$\cos\beta=\frac{2}{3}$，$\cos\gamma=\frac{2}{3}$；$\boldsymbol{a},\boldsymbol{b}$ 之间的夹角为 $\varphi=\frac{\pi}{2}$.

3. $(-4,2,-4)$.

4. $\mathrm{Pr}\,j_{v}\boldsymbol{u}=|\boldsymbol{u}|\cos\theta=\frac{-10}{|\boldsymbol{v}|}=\frac{-10}{\sqrt{11}}$；$\boldsymbol{u}$ 在 $\boldsymbol{v}$ 上的分矢量 $-\frac{10}{11}\{-3,-1,1\}$.

5. $\frac{\pi}{3}$.　　6. $\pm\frac{1}{\sqrt{35}}(3,1,5)$.　　7. $\frac{\sqrt{19}}{2}$.　　8. 略.　　9. 5.

B 类题

1. $-\frac{3}{2}$.　　2. $2\sqrt{10}$.　　3. $\sqrt{8+\sqrt{3}}$.　　4. p.　　5. (1) 略；(2) $\theta=\frac{\pi}{4}$.

6. $\pm(2,1,-2)$.　　7. 证明略.

第三节　平面及其方程

A 类题

1. (1) ×；(2) ×；(3) ×.　　2. $2x+9y-6z+121=0$.　　3. $z_0y-y_0z=0$.

4. $3x-7y+5z-4=0$.　　5. $23x-15y-9z+34=0$.　　6. $\frac{x}{2}+y+z=1$.

7. $17x-28y-9z=0$.　　8. $\arccos\frac{4}{13}$.　　9. $\sqrt{14}$.　　10. $3x-y=0$ 或 $x+3y=0$.

B 类题

1. 证明略.　　2. $x+\frac{y}{2}\pm\frac{z}{6}=1$.

3. $\begin{vmatrix} y_2-y_1 & z_2-z_1 \\ n & p \end{vmatrix}(x-x_1)+\begin{vmatrix} z_2-z_1 & x_2-x_1 \\ p & m \end{vmatrix}(y-y_1)+\begin{vmatrix} x_2-x_1 & y_2-y_1 \\ m & n \end{vmatrix}(z-z_1)=0$

4. $22x-7y-3\sqrt{3}z=0$ 或 $2x+23y-13\sqrt{3}z-40=0$.

第四节　空间直线及其方程

A 类题

1. $\frac{x}{4}=\frac{y-4}{1}=\frac{z+1}{-3}$.　　2. $(0,0,-2)$.　　3. $\frac{\pi}{3}$.　　4. $\frac{\pi}{6}$.

5. $l_1:\begin{cases} x-2y=0, \\ z=0; \end{cases}$　$l_2:\begin{cases} 2y+z-2=0, \\ x=0. \end{cases}$　　6. $\begin{cases} x-y+2z-1=0, \\ x-3y-2z+1=0. \end{cases}$

7. $\begin{cases} x+y-3z+2=0, \\ x-y=0 \end{cases}$ 或 $\frac{x-2}{3}=\frac{y-2}{3}=\frac{z-2}{2}$.　　8. 直线 L 与平面 π 平行.

B 类题

1. $7x-7y+2z+1=0$.　　2. $x-3y-z+4=0$.　　3. $3x+y-z-1=0$.

4. $\frac{x+1}{1}=\frac{y-2}{-2}=\frac{z-3}{1}$.　　5. $\frac{\sqrt{6}}{2}$.　　6. $\begin{cases} x+y+z=1, \\ x-1=0. \end{cases}$

C类题

1. $\sqrt{5}$.　　**2.** $\begin{cases}2x-z-3=0,\\34x-y-6z+53=0.\end{cases}$

第五节　曲面及其方程

A类题

1. (1) $x^2+(y-1)^2+z^2=2$, $(0,1,0)$, $\sqrt{2}$;　(2) x 轴，抛物柱面;　(3) $5x^2-4y^2+5z^2=80$;
(4)一条直线.

2. (1)表示双曲柱面(图略);　(2)表示椭圆柱面(图略);　(3)表示抛物柱面(图略);
(4)表示旋转抛物面(图略);　(5)表示锥面(图略);　(6)表示双叶双曲面(图略).

3. (1)以点 $(1,-2,-1)$ 为球心，半径为 $\sqrt{6}$ 的球面;
(2) $y^2+z^2=5x$;　(3) $x^2+y^2+z^2=9$;
(4)绕 x 轴：$4x^2-9(y^2+z^2)=36$；绕 y 轴：$4(x^2+z^2)-9y^2=36$.

B类题

(1) $y=\frac{m}{n}z+\left(x-\frac{l}{n}z\right)^3$;　(2) $(c-z)^2(cy-bz)=(cx-az)^3$.

C类题

1. $x^2+y^2-2z^2+2z=1$.　　**2.** $S_1:\frac{x^2}{4}+\frac{y^2+z^2}{3}=1$; $S_2:\left(\frac{x}{4}-1\right)^2=\frac{y^2+z^2}{4}$.

第六节　空间曲线及其方程

A类题

1. (1)表示双曲线;　(2)表示圆;　(3)表示椭圆;　(4)表示抛物线.

2. $\begin{cases}x=1+\cos t,\\y=1-\cos t,(0\leqslant t\leqslant 2\pi).\\z=\sqrt{2}\sin t\end{cases}$

3. 投影柱面 $x^2+4z^2-2x-3=0$；投影曲线为 $\begin{cases}x^2+4z^2-2x-3=0,\\y=0.\end{cases}$

4. $\begin{cases}z^2=3ax,\\y=0.\end{cases}$　　**5.** $x^2+y^2\leqslant ax$; $x^2+z^2\leqslant a^2$, $x\geqslant 0$, $z\geqslant 0$.　　**6.** $\begin{cases}2x^2-2x+y^2=8,\\z=0.\end{cases}$

B类题

母线平行于 x 轴且过已知曲线的柱面方程为 $3y^2-z^2=16$；母线平行于 y 轴且过已知曲线的柱面方程为 $3x^2+2z^2=16$.

第十章 重积分

第一节 二重积分的概念与性质

A 类题

1. (1) $\sqrt[3]{\dfrac{3}{2}}$； (2) 0； (3) $I_2<I_1<I_3$； (4) $I_2<I_1$.

2. (1) $0.4\leqslant I\leqslant 0.5$； (2) $0\leqslant I\leqslant \pi^2$.

B 类题

1. $I_2\leqslant I_1\leqslant I_3\leqslant I_4$.　　**2.** 0.

C 类题

1. 证明略.　　**2.** $\dfrac{1}{2}(a+b)$.

第二节 二重积分的计算法

A 类题

1. (1) $\dfrac{384}{7}$； (2) $\int_0^2 \mathrm{d}y\int_{\frac{y}{2}}^{y} f(x,y)\mathrm{d}x+\int_2^4 \mathrm{d}y\int_{\frac{y}{2}}^{2} f(x,y)\mathrm{d}x$； (3) $\int_0^{\frac{\pi}{2}} \theta\mathrm{d}\theta\int_0^2 \rho\mathrm{d}\rho$； (4) $\dfrac{1}{2}$.

2. $\dfrac{1}{\mathrm{e}}$.　　**3.** $\dfrac{15}{8}$.

4. (1) $\int_0^1 \mathrm{d}y\int_{\mathrm{e}^y}^{\mathrm{e}} f(x,y)\mathrm{d}x$；

(2) $\int_0^1 \mathrm{d}y\int_{\sqrt{y}}^{3-2y} f(x,y)\mathrm{d}x$；

(3) $\int_0^a \mathrm{d}y\int_{2a-y}^{a+\sqrt{a^2-y^2}} f(x,y)\mathrm{d}x$；

(4) $\int_0^a \mathrm{d}x\int_{\sqrt{a^2-x^2}}^{a} f(x,y)\mathrm{d}y+\int_a^{2a} \mathrm{d}x\int_{x-a}^{2a} f(x,y)\mathrm{d}y$.

5. $\dfrac{1}{6}\left(1-\dfrac{2}{\mathrm{e}}\right)$.　　**6.** (1) $\int_0^{\frac{\pi}{2}} \mathrm{d}\theta\int_0^{2R\sin\theta} f(\rho\cos\theta,\rho\sin\theta)\rho\mathrm{d}\rho$； (2) $\int_0^{\frac{\pi}{2}} \mathrm{d}\theta\int_0^{R} f(\rho^2)\rho\mathrm{d}\rho$.

7. (1) $\dfrac{\pi}{4}(2\ln 2-1)$； (2) $\sqrt{2}-1$.

B 类题

1. $\dfrac{2}{3}$.　　**2.** $\dfrac{2}{3}(\sqrt{2}-1)+\dfrac{\pi}{2}$.　　**3.** (1) $\dfrac{20}{3}-\dfrac{\pi}{4}$； (2) $\dfrac{\pi}{4}$(偶倍奇零).　　**4.** $\dfrac{R^3\arctan k}{3}$.

5. $\dfrac{1}{40}\pi^5$.

第三节 三重积分

A 类题

1. (1) 略； (2) $\begin{cases} x=\rho\cos\theta, \\ y=\rho\sin\theta, \\ z=z, \end{cases}$ $\rho\mathrm{d}\rho\mathrm{d}\theta\mathrm{d}z$.

2. 直角坐标系下，投影法：$I=\int_{-1}^{1}\mathrm{d}x\int_{-\sqrt{1-x^2}}^{\sqrt{1-x^2}}\mathrm{d}y\int_{x^2+y^2}^{\sqrt{2-x^2-y^2}}z\mathrm{d}z$；

柱面坐标系下：$I=\int_0^{2\pi}\mathrm{d}\theta\int_0^1\rho\mathrm{d}\rho\int_{\rho^2}^{\sqrt{2-\rho^2}}z\mathrm{d}z$；计算结果：$\frac{7\pi}{12}$.

3. (1)$\frac{5\pi}{6}a^3$； (2)$\frac{1}{2}\ln 2$； (3)$\frac{\pi R^4}{16}$； (4)2π； (5)$\frac{31\pi}{10}$； (6)$\frac{59\pi R^5}{480}$； (7)转化成柱面坐标：$\frac{3\pi}{10}$.

B 类题

1. 42π.　　**2.** $F'(t)=2\pi t\left[\frac{h^3}{3}+hf(t^2)\right]$；$\lim\limits_{t\to 0}\frac{F(t)}{t^2}=\lim\limits_{t\to 0}\frac{F'(t)}{2t}=\pi\left[\frac{h^3}{3}+hf(0)\right]$.　**3.** $\frac{4}{3}\pi(a^2-b^2)^{\frac{3}{2}}$.

第四节　重积分的应用

A 类题

1. $2a^2(\pi-2)$.　　**2.** $\frac{1}{2}\sqrt{a^2b^2+b^2c^2+c^2a^2}$.　　**3.** $\bar{x}=0,\bar{y}=\frac{4b}{3\pi}$.　　**4.** $(\frac{2}{5}a,\frac{2}{5}a)$.

B 类题

1. $y^2=\frac{15p}{32}x$.　　**2.** $\frac{\pi}{4}a^3b$.

3. 设球顶锥体 Ω 由上半球面 $x^2+y^2+z^2=R^2(z\geqslant 0)$ 和锥面 $z=\frac{\sqrt{3}}{3}\sqrt{x^2+y^2}$ 围成，则 $F_x=0,F_y=0$，$F_z=\frac{1}{4}\pi Gm\rho R$.　　**4.** 9π.

第十二章　无穷级数

第一节　常数项级数的概念和性质

A 类题

1. (1) D； (2) C； (3) A； (4) D； (5) A.

2. (1)发散； (2)收敛，$\frac{1}{3}$； (3)发散； (4)收敛，$\frac{2}{3}$.

3. (1)发散；(2)发散；(3)发散；(4)发散.　　**4.** 发散.　　**5.** 发散.

第二节　常数项级数的审敛法

A 类题

(1)发散； (2)收敛； (3)发散； (4)收敛； (5)收敛； (6)发散； (7)发散；
(8)收敛； (9)发散； (10)收敛.

B 类题

1. (1)绝对收敛； (2)绝对收敛； (3)条件收敛； (4)发散.

2. 证明略.　　**3.** $p\leqslant 0$，发散；$0<p\leqslant 1$，条件收敛；$p>1$，绝对收敛.

C 类题

1. 证明略，提示：$\sum\limits_{n=1}^{\infty}b_n=\sum\limits_{n=1}^{\infty}[c_n-(c_n-b_n)]$.　　**2.** 上述证明不对，提示：$a_n\leqslant\frac{a_1}{b_1}b_n$.

第三节 幂级数

A 类题

1. (1) B; (2) A; (3) D; (4) C.

2. (1) $(-1,1]$; (2) $[-3,3)$;(3)$(-\frac{1}{4},\frac{1}{4})$; (4)$(-\infty,+\infty)$; (5)$[1,3]$; (6)$(-1,1)$.

B 类题

1. (1)$\frac{1}{(1-x)^2}(-1<x<1)$; (2)$\frac{1}{4}\ln\frac{1+x}{1-x}+\frac{1}{2}\arctan x-x(-1<x<1)$;

(3)$\frac{2}{1-2x}-\frac{1}{1-x}(-\frac{1}{2}<x<\frac{1}{2})$; (4)$\frac{1+x}{(1-x)^3}(-1<x<1)$.

2. $\frac{x}{(1-x)^2}-\ln(1-x)(-1<x<1)$, $\sum\limits_{n=1}^{\infty}\frac{n^2+1}{n2^n}=2+\ln 2$.

3. 提示:构造幂级数$\sum\limits_{n=1}^{\infty}\frac{1}{n}x^n$.

C 类题

收敛域为$(-1,1)$,$S(x)=\frac{1+x^2}{(1-x^2)^2}+\frac{1}{x}\ln\frac{1+x}{1-x}$.

第四节 函数展开成幂级数

A 类题

1. (1) $\sum\limits_{n=0}^{\infty}\frac{(-1)^n}{n!'}x^{2n}$, $-\infty<x<\infty$; (2) $\sum\limits_{n=0}^{\infty}\frac{(-1)^n x^{n+1}}{n!}$, $-\infty<x<\infty$;

(3) $\sum\limits_{n=1}^{\infty}\frac{(-1)^{n-1}2^{2n-1}}{(2n)!}x^{2n}$, $-\infty<x<\infty$; (4)$3\sum\limits_{n=0}^{\infty}\frac{(-1)^n x^{2n+1}}{2^{n+1}}$, $x\in(-\sqrt{2},\sqrt{2})$;

(5) $\sum\limits_{n=1}^{\infty}\frac{(-1)^{n-1}2^n-1}{n}x^n$, $x\in(-\frac{1}{2},\frac{1}{2}]$; (6) $2\sum\limits_{n=1}^{\infty}\frac{x^{2n-1}}{2n-1}$, $x\in(-1,1)$;

(7) $\ln 2+\sum\limits_{n=1}^{\infty}\frac{(-1)^{n-1}}{n\cdot 2^n}x^n$, $x\in(-2,2]$; (8) $\sum\limits_{n=1}^{\infty}\frac{(-1)^{n-1}}{(2n-1)(2n-1)!}x^{2n-1}$, $x\in(-\infty,+\infty)$.

2. $\sum\limits_{n=0}^{\infty}(-1)^n\left(\frac{1}{3}\right)^{n+1}(x-3)^n$, $x\in(0,6)$. **3.** $-\frac{1}{4}\sum\limits_{n=0}^{\infty}(\frac{1}{3^{n+1}}+\frac{3}{7^{n+1}})(x+4)^n$, $x\in(-7,-1)$.

B 类题

1. (1) $\sum\limits_{n=0}^{\infty}(-1)^n(\frac{1}{2^{n+1}}-\frac{1}{3^{n+1}})(x-1)^n$, $x\in(-1,3)$; (2) $\sum\limits_{n=1}^{\infty}(-1)^{n-1}n(x+1)^{n-1}$, $x\in(-2,0)$;

(3) $\frac{1}{2}\sum\limits_{n=0}^{\infty}(-1)^n\left[\frac{\left(x+\frac{\pi}{3}\right)^{2n}}{(2n)!}+\sqrt{3}\frac{\left(x+\frac{\pi}{3}\right)^{2n+1}}{(2n+1)!}\right]$, $x\in(-\infty,+\infty)$.

2. (1) $\sum\limits_{n=1}^{\infty}n^2x^{n-1}$, $x\in(-1,1)$. 提示:$f(x)=\frac{2}{(1-x)^3}-\frac{1}{(1-x)^2}=\left(\frac{1}{1-x}\right)''+\left(\frac{1}{1-x}\right)'$.

(2) $\frac{\pi}{4}+\sum\limits_{n=0}^{\infty}\frac{(-1)^n}{2n+1}x^{2n+1}$, $x\in[-1,1)$. 提示:$f'(x)=\frac{1}{1+x^2}$.

3. $\sum\limits_{n=1}^{\infty}\frac{nx^{n-1}}{(n+1)!}$, $x\in(-\infty,+\infty)$; $\sum\limits_{n=1}^{\infty}\frac{n}{(n+1)!}=1$.

第五节　傅里叶级数

A 类题

1. (1) $\frac{\pi}{4},-\frac{\pi}{2},-\frac{\pi}{8},-\frac{\pi}{8},-\frac{\pi}{8}$；　(2) $a_n,-b_n$；(3) $-a_n,b_n$；　(4) 1；　(5) $\frac{2}{3}\pi$；　(6) π；

(7) $-(x-2\pi)\sin x$.

2. $f(x)=\frac{3}{8}-\frac{1}{2}\cos 2x+\frac{1}{8}\cos 4x$.　　**3.** $\frac{\pi}{2}-\frac{4}{\pi}\sum_{n=0}^{\infty}\frac{\cos(2n+1)x}{(2n+1)^2}$.　　**4.** $2\sum_{n=1}^{\infty}\frac{\sin nx}{n}$.

B 类题

1. $f(x)=\frac{\pi^2}{3}+4\sum_{n=1}^{\infty}\frac{(-1)^n}{n^2}\cos nx,\ x\in(-\infty,+\infty)$；$\sum_{n=1}^{\infty}\frac{(-1)^{n-1}}{n^2}=\frac{\pi^2}{12}$.

2. 证明略.　　**3.** 证明略.　　**4.** 证明略.

第六节　一般周期函数的傅里叶级数

A 类题

1. $\frac{5}{2}-\frac{4}{\pi^2}\sum_{n=0}^{\infty}\frac{\cos(2n+1)\pi x}{(2n+1)^2},\frac{\pi^2}{6}$.

2. $f(x)=\frac{10}{\pi}\sum_{n=1}^{\infty}\frac{(-1)^{n-1}}{n}\sin\frac{n\pi x}{5}(-\infty<x<+\infty,x\neq 10k+5,k=0,\pm1,\pm2,\cdots)$,

$x=10k+5$ 时，$S(x)=0$.

3. $\frac{8}{\pi}\sum_{n=1}^{\infty}\frac{n\sin 2n\pi x}{4n^2-1}$.　　**4.** $f(x)=-\frac{8}{\pi^2}\sum_{n=1}^{\infty}\frac{1}{(2n-1)^2}\cos\frac{(2n-1)\pi x}{2},x\in[0,2]$.